科技馆展览展品资源研发与创新实践

第一届全国科技馆
展览展品大赛优秀项目集锦

殷皓　主编
钱岩　廖红　副主编

化学工业出版社
·北京·

图书在版编目（CIP）数据

科技馆展览展品资源研发与创新实践：第一届全国科技馆展览展品大赛优秀项目集锦 / 殷皓主编. —北京：化学工业出版社，2021.10
ISBN 978-7-122-39796-6

I. ①科⋯ II. ①殷⋯ III. ①科学馆-陈列品-介绍-中国 IV. ①G322

中国版本图书馆CIP数据核字（2021）第171710号

责任编辑：宋　娟
责任校对：李雨晴
装帧设计：李子姮　梁　潇

出版发行：化学工业出版社
　　　　　（北京市东城区青年湖南街13号 邮政编码100011）
印　　装：中煤（北京）印务有限公司
787mm×1092mm　1/16　印张15　字数300千字
2021年10月北京 第 1 版第 1 次印刷

购书咨询：010-64518888
售后服务：010-64518899
网　　址：http://www.cip.com.cn

凡购买本书，如有缺损质量问题，本社销售中心负责调换。

定　　价：98.00元　　　　　版权所有　违者必究

编委会

主　编：殷　皓

副主编：钱　岩　廖　红

编　委（按姓氏笔画排列）：

　　　　卢金贵　刘晓峰　江洪波

　　　　吴雄飞　张成贵　张晓春

　　　　徐东向　黄星华　梁兆正　曾川宁

　　　　路建宏　缪文靖

序

科技馆是面向社会公众特别是青少年等重点人群，以展览教育、研究、服务为主要功能，以参与、互动、体验为主要形式，开展科学技术普及相关工作和活动的公益性社会教育与公共服务设施。近年来，我国科技馆事业蓬勃发展，整体态势良好，在促进科普服务公平普惠、提高公民科学素质方面发挥了重要作用。

2018年，为进一步贯彻落实《全民科学素质行动计划纲要》，搭建科技馆业务交流平台，促进科技馆展览展品创新研发能力的提升，为新时期科技馆事业发展提供强有力的支撑，第一届全国科技馆展览展品大赛正式拉开帷幕。本届大赛共收到27家场馆的156个参赛项目，其中展品115个，展览41个。

本书集中展示第一届全国科技馆展览展品大赛入选决赛的优秀获奖作品，其中展览类项目10个、展品类项目20个。展览类项目内容包括设计思路、设计原则、展览框架、展示内容、展品构成以及创新与思考；展品类项目内容包括展品描述、展示方式、科学原理、应用拓展以及创新与思考。高度还原了科技馆展览和展品项目从设计、开发到落地实施的全过程，具有较高参考价值。

希望此书的出版，既为能相关从业人员提供宝贵的、可供借鉴的展览、展品案例，又能促进科技馆业界交流互动，提升展览、展品研发设计人员的业务能力和水平，推动科技馆事业高质量发展。

目 录

第一章	004	**大赛简介**
大赛概况	009	**大赛获奖情况**

第二章　014　**一等奖获奖作品**
展览类获奖作品　015　创新决胜未来

　　　　　　　031　**二等奖获奖作品**
　　　　　　　032　大人国历险记
　　　　　　　044　乐享科学　筑梦童心
　　　　　　　　　　——中国科学技术馆"儿童科学乐园"主题展厅

　　　　　　　060　**三等奖获奖作品**
　　　　　　　061　镜然如此
　　　　　　　070　科普大篷车专题展览
　　　　　　　　　　——"健康生活""智能时代"主题
　　　　　　　081　满足你的好奇心，切！

　　　　　　　092　**优秀奖获奖作品**
　　　　　　　093　地震科普体验展
　　　　　　　　　　——不息的力量：下一个超级大地震
　　　　　　　103　"影火虫"光影旅行展
　　　　　　　112　虚拟人体巡展
　　　　　　　118　哆来咪梭拉

第三章
展品类获奖作品

128 **一等奖获奖作品**
129 全息摄影
136 锥体上滚

142 **二等奖获奖作品**
143 自来水的旅行
149 彩虹风车
153 勇闯高原
158 奏乐电磁炮

162 **三等奖获奖作品**
163 布鲁斯特角
168 天文 AR
173 辉光放电
179 神奇的视错觉
186 神奇的隐身与透视
190 颜色之谜

196 **优秀奖获奖作品**
197 FAST 主动反射面结构
201 扬声器原理
205 等周长几何面积比一比
211 立体磁力线
214 卷
217 炫彩光球
222 碰撞的涡环
227 色彩的自白

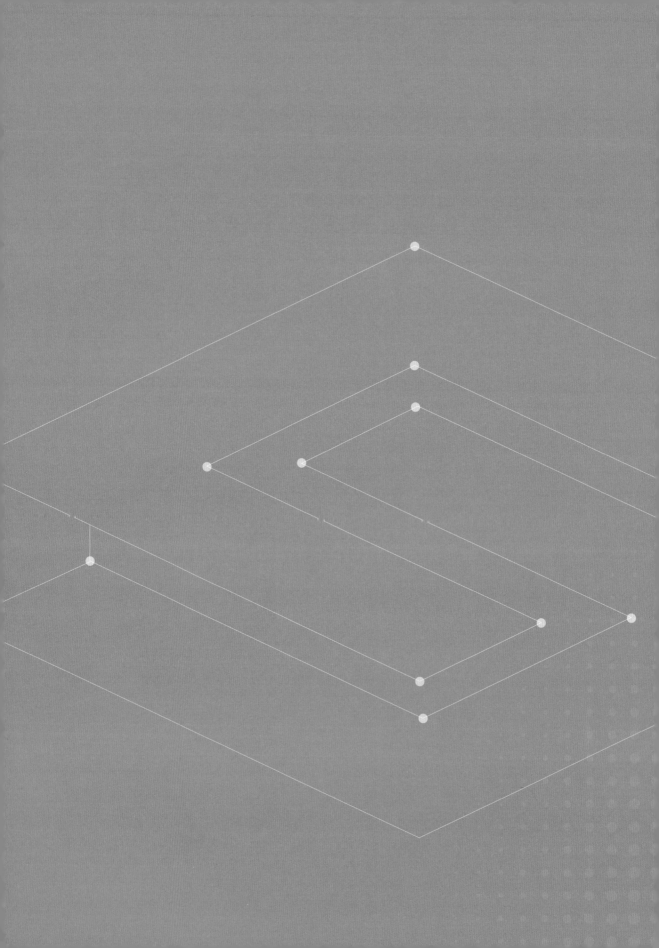

第一章

大赛概况

大赛简介

1

一、大赛简介

全国科技馆展览展品大赛每两年举办一届,是我国科技馆行业最具影响力的专业技能赛事。大赛旨在搭建全国科技馆业界的学习交流平台,激发科技馆展览展品研发及创新工作的热情,提高研发人员展览展品设计水平,打造一批高质量、高水平的展览展品,引领科技馆展览展品研发方向,促进我国科技馆展览展品创新研发能力整体提升,为新时期我国科技馆事业的发展提供强有力的支撑和保障。

2018年中国科学技术馆举办了第一届全国科技馆展览展品大赛,受到全国各地科技馆的积极响应,共收到来自27个场馆的156个参赛项目,其中展品115项、展览41项。大赛评审委员会通过邮件初评和现场复评两个环节,共评选出20件展品、10个展览入围现场决赛。

二、组织机构

(一)指导单位

中国自然科学博物馆协会

(二)主办单位

中国科学技术协会科学技术普及部
中国自然科学博物馆协会科技馆专业委员会

(三)公益支持单位

中国科技馆发展基金会

(四)承办单位

由主办单位按自愿申办和轮换原则选定大赛承办单位。

(五)大赛组委会

组委会由领导组、评审组和秘书组构成。领导组由主办和承办单位的主要领导构成,包括主任1人、副主任2~4人及委员若干，负责对大赛组织实施过程进行总体把关和协调。评审组由大赛组委会邀请，负责大赛赛前预选和现场比赛各项评审工作。秘书组根据大赛需要确定人员，负责组织协调大赛各项具体工作。

三、比赛内容和形式

大赛分为展览和展品两部分，包含赛前预选和现场比赛两个阶段，各项目需先按"赛前预选要求"提交相关资料并参加赛前预选，入围项目按"现场比赛要求"参加现场比赛。

（一）赛前预选要求

1. 展览类

（1）以展览设计方案大纲形式提交相关资料。

（2）展览为原创，需未经展出或举办大赛当年1月1日之后开幕展出，需提供自声明。

（3）展览科学性需经过相关专业领域专家论证，并提交相关证明文件。

（4）展览中的创新展品不少于展品总数的50%。创新展品包含原始创新展品和集成创新展品。原始创新展品是指在科技馆行业内未经展出过的，在展示内容、展示形式、技术手段等方面取得独有创新成果的新展品；集成创新展品是指对科技馆行业内已有的展示内容，在展示形式、技术手段等方面进行集成和优化后形成的新展品。

2. 展品类

（1）以单件展品为单位提交。

（2）以展品设计方案形式提交相关资料。

（3）展品为未经展出或举办大赛当年1月1日之后开幕展出的创新展品，需提供自声明。创新展品包含原始创新展品和集成创新展品。原始创新展品是指在科技馆行业内未经展出过的，在展示内容、展示形式、技术手段等方面取得独有创新成果的新展品；集成创新展品是指对科技馆行业内已有的展示内容，在展示形式、技术手段等方面进行集成和优化后形成的新展品。

（4）展品科学性需经过相关专业领域专家论证，并提交相关证明文件。

（二）现场比赛要求

1. 展览类

（1）以展览设计方案和演示幻灯片的形式提交，展览应符合科技馆展示要求。

（2）现场比赛项目可基于预选提交的展览设计方案大纲进行优化，但不能变更展览主题和框架内容，变更展品数量不超过 10%，创新展品不少于展品总数的 50%。

2. 展品类

（1）以展品设计方案、展品实物、演示幻灯片的形式提交。

（2）现场比赛项目可基于预选提交方案进行优化，但不能变更展品科学内容和展示目标，展品实物应符合科技馆展示要求。

附：大赛通知

科技馆专业委员会

专委会发〔2018〕3号

关于举办第一届全国科技馆展览展品大赛的通知

各单位会员：

为进一步落实《全民科学素质行动计划纲要》精神，搭建全国科技馆学习交流平台，促进我国科技馆展览展品创新研发能力提升，为新时期我国科技馆事业的发展提供强有力的支撑和保障，中国科协科普部及科技馆专业委员会将联合举办第一届全国科技馆展览展品大赛（以下简称"大赛"）。

现将时间节点通知如下：

2018年2月底，向各单位会员发布大赛正式通知；

2018年3月20日前，按要求完成参赛报名和文件提交；

2018年5月31日前，完成赛前预选并公布入围名单；

2018年9月中旬，按要求提交现场比赛项目资料；

2018年9月中下旬，举办现场比赛。

请各单位收到通知后，积极准备参与大赛。有关大赛的赛事规则事宜详见方案，如有问题可咨询专委会秘书处。

联系人：张彩霞 010-59041055（赛事事宜）

　　　　崔胜玉　010-59041106（规则解读）

附件：全国科技馆展览展品大赛总体方案

中国自然科学博物馆协会
科技馆专业委员会

大赛获奖情况

表 1-1　第一届全国科技馆展览展品大赛展览类获奖名单

序号	奖项	项目名称	单位
1	一等奖	创新决胜未来	中国科学技术馆
2	二等奖	大人国历险记	合肥市科技馆
3	二等奖	乐享科学　筑梦童心——中国科学技术馆"儿童科学乐园"主题展厅	中国科学技术馆
4	三等奖	镜然如此	黑龙江省科学技术馆
5	三等奖	科普大篷车专题展览——"健康生活""智能时代"主题	中国科学技术馆
6	三等奖	满足你的好奇心，切!	合肥市科技馆
7	优秀奖	地震科普体验展——不息的力量：下一个超级大地震	山西省科学技术馆
8	优秀奖	"影火虫"光影旅行展	厦门科技馆管理有限公司
9	优秀奖	虚拟人体巡展	山西省科学技术馆
10	优秀奖	哆来咪梭拉	黑龙江省科学技术馆

表 1-2　第一届全国科技馆展览展品大赛展品类获奖名单

序号	奖项	项目名称	单位
1	一等奖	全息摄影	中国科学技术馆
2		锥体上滚	合肥市科技馆
3	二等奖	自来水的旅行	中国科学技术馆
4		彩虹风车	青海省科学技术馆
5		勇闯高原	合肥市科技馆
6		奏乐电磁炮	广西壮族自治区科学技术馆
7	三等奖	布鲁斯特角	福建省科学技术馆
8		天文 AR	福建省科学技术馆
9		辉光放电	天津科学技术馆
10		神奇的视错觉	长春中国光学科学技术馆
11		神奇的隐身与透视	临沂市科技馆
12		颜色之谜	长春中国光学科学技术馆
13	优秀奖	FAST 主动反射面结构	中国科学技术馆
14		扬声器原理	青海省科学技术馆
15		等周长几何面积比一比	宁波科学探索中心管理有限公司
16		立体磁力线	山西省科学技术馆
17		卷	山西省科学技术馆
18		炫彩光球	广西壮族自治区科学技术馆
19		碰撞的涡环	天津科学技术馆
20		色彩的自白	厦门科技馆管理有限公司

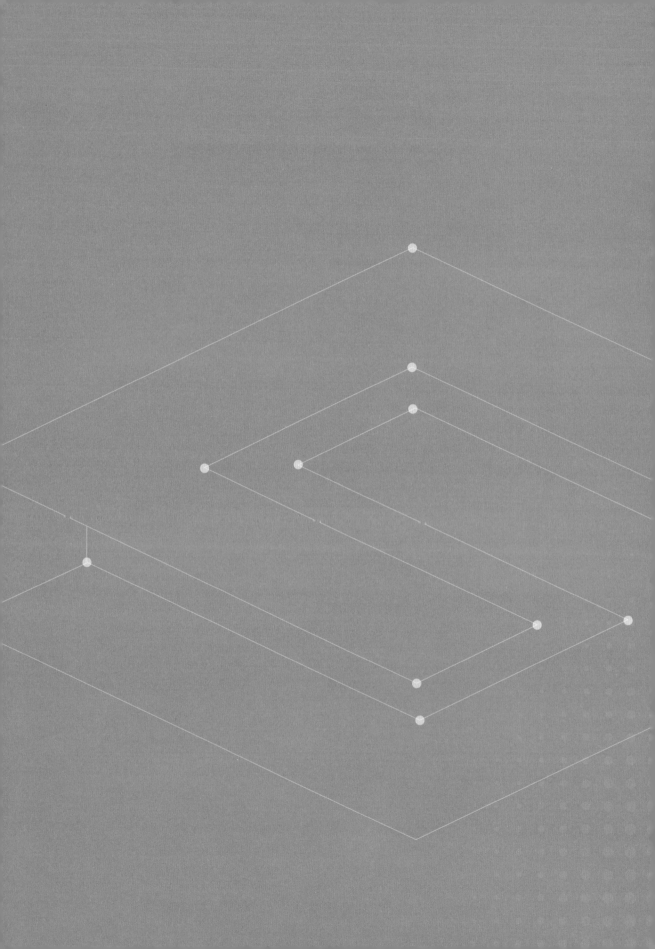

第二章

展览类获奖作品

一等奖获奖作品

1

创新决胜未来

一、背景意义

2018年是改革开放40周年。40年来，伴随着经济的全面腾飞，我国在众多科技领域取得了辉煌的成就，越来越多的科技成果在保障国家安全、改善人民生活、加强国际交流、扩展人类视野、推动社会进步等方面发挥着重要作用。这些成果背后，不仅记录着袁隆平、王选、屠呦呦、赵忠贤、潘建伟、薛其坤、南仁东等国之栋梁的呕心沥血，也离不开更多默默无闻科技工作者的平凡付出、辛勤耕耘。习近平总书记在"科技三会"（指2021年5月30日在人民大会堂召开的全国科技创新大会、两院院士大会、中国科学技术协会的第九次全国代表大会）发表的重要讲话，吹响了建设世界科技强国的号角。十九大报告中提出：中国特色社会主义进入新时代，意味着近代以来久经磨难的中华民族迎来了从站起来、富起来到强起来的伟大飞跃，迎来了实现中华民族伟大复兴的光明前景；中国已成为具有重要影响的科技大国，正在从科技大国向科技强国的目标不断挺进。

为宣扬我国改革开放40年来的重点科技成就，中国科学技术馆策划推出"创新决胜未来"科普展览，并通过"展览+活动+讲座+培训+文创+信息化"的模式，将科普展览与教育活动、专家讲座、人员培训、文创产品、信息技术应用同步策划与实施，打造一个科普资源集成化巡展项目。

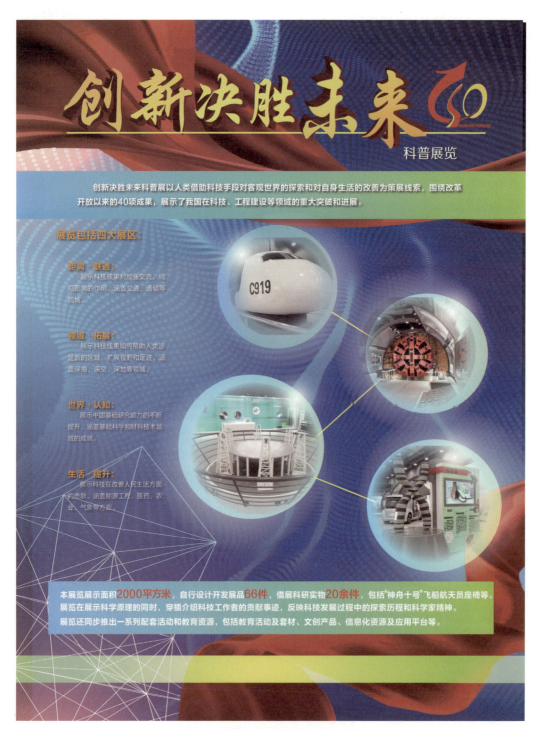

图 2-1 展览"创新决胜未来"海报

二、设计思路

（一）受众人群

展览主要面向两类人群：一是时刻关注中国科技成就发展的专业人群，这部分人群关注中国科技的最新成就成果；二是科技馆常规参观的普通观众，这部分观众关注展品的互动性、趣味性。针对以上两类人群，本展览在展示改革开放 40 年一些重大科技成就的同时，突出了科技馆展览的特点，配套教育活动丰富了展览的教育内涵与形式。

（二）指导依据

展览以十九大报告、"砥砺奋进的五年"成就展为参考，在展示改革开放 40 年来重要成就的前提下，突出体现科技馆展品所独有的互动性、体验性、直观性的特点，兼顾对科学家精神的宣传，体现国人的探索和开拓精神，力求做到科技与人文的结合，体现文化自信。

（三）主题思想

展览通过技术传承的角度寻找古代科技成就与当代科技成就的血缘关系，旨在宣扬改革开放 40 年来的重要科技进步，彰显科技成就取得的背后逻辑——四个自信，表现中国从站起来、富起来到强起来的伟大飞跃，彰显迈进新时代进程中科技的作用。

（四）教育目标

展览主要是宣扬我国改革开放 40 年来的重点科技成就，旨在：

（1）树立四个自信，彰显迈进新时代的科技作用。

（2）弘扬科学家的精神，传播他们自主创新、百折不挠、甘于奉献、团结协作的高尚品格，鼓舞和激励广大公众为建设创新型国家、向世界科技强国进军而不懈努力。

（3）传播科学知识，解读科技应用及其对社会的影响，揭示科技发展与百姓生活的关联，以此提升公众素质，营造爱科技、学科技、用科技的良好氛围。

三、设计原则

（一）内容规划原则

展览以改革开放 40 年特别是近年来我国在航空航天、天体物理学、深海探测、信息通信、生物医学、工程建设等领域的重大成果为主要内容，以科技成就背后的科学原理为切入点，充分展现了科技工作者的精神、大国科技的力量。展览以人类借助科技手段对客观世界的探索和对自身生活的改善为线索，筛选了科技、工程建设领域的 40 个成就。

（二）形式规划原则

展览形式规划借鉴中国传统文化，借鉴红山文化的"玉猪龙"风格，以流线型的结构营造出展览的"龙"形框架。展区空间采用多角度弧形框架，通过有效分割，营造出时空隧道般的探索历程；通过曲线式展区规划，在有效疏导观众浏览顺序的基础上，突出了展览的厚度。展品造型结构设计突破传统巡展四四方方的形式，充分考虑人体工学，以流线型结构优化展台设计，并与展区规划相得益彰。

（三）展品技术原则

展览以突出展品的操作性、体验性、直观性为目标，采用当前成熟的技术手段，适当使用虚拟现实（VR）、多媒体的方式，丰富展品的表现形式，并充分利用互联网技术，提升展览信息化水平，扩大展览的受众面。

四、展览框架

展览在布局方面改变了传统按学科布局的模式，选择以科技对客观世界的探索和对人类自身生活的改善为基本线索，纵向包括序言、主体部分、尾声三个区域。展览面积约 2000 平方米，展品近 70 件。其中，序言部分将华夏古代探索与现代大国重器结合，体现中国人民对客观世界认识、改造的愿望和过程。主体部分又横向分割成"距离·联通""领域·拓展""世界·认知""生活·提升"四个子区域，从功能与目的的角度，展

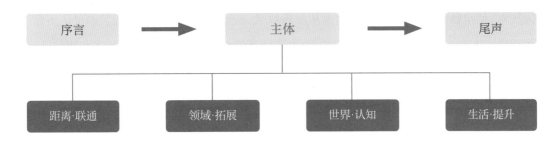

图 2-2　展览"创新决胜未来"框架

现各项科技成果。尾声部分采用开放性问题,引导观众思考科技与未来。同时,科学家精神贯穿始终,通过国家最高科学技术奖获得者的寄语、大国重器的关键科学家及其背后团队的故事,展现中国科技工作者的风采、品格与成果。

五、内容概述

(一)序言

本展区展品"从古代探索到大国重器"以中国人对认识和改造客观世界的梦想追求

图 2-3　展品"从古代探索到大国重器"

为线索，使用触控投影技术，讲述中国从古典神话、古代科技到当代科技成果的进化历程，体现中国人自古以来在探索、开拓方面的愿望和努力，引出新时代中国在诸多领域的辉煌成就。

（二）主体

按照科技成果指向的目的和功能，将主体分为四个部分，各个部分的主要内容如下。

1. 距离·联通

表现科技成果对加强沟通交流、缩短地区间及国际间的距离方面的作用。涵盖的科技成果包括各类交通、通信等领域，如青藏铁路、高速动车组、大飞机、北斗导航、量子通信、超级计算机等。

本展区展品利用结构投影、动作捕捉、动感平台、实物模型等不同的展示方式，深入挖掘科学原理，丰富体验方式，增强趣味性。例如，"'复兴号'高速动车组"展品，通过半浮雕的方式展示高速动车组外形，通过结构投影展示高速动车组在一年四季中行

图 2-4　展品"'复兴号'高速动车组"

驶过的祖国大地，再现了中国高铁遍布全国，走向世界的历程。同时，配置四个模拟列车车窗的屏幕，循环播放中国高速动车组建设不同阶段的成就及相关技术突破，彰显了中国自主创新实力。"青藏铁路"展品，在深入剖析此项成果背景意义的基础上，提出了以解决核心技术难点为展示内容，以解决冻土层的方法作为切入点，重点介绍热棒、抛石路基、通风管等创新性技术手段。展览中不仅有长达7米的热棒实物，而且以"饮水鸟"模型作为结构类比，形象直观地揭示热棒技术的工作原理。

2．领域·拓展

表现科技成果在促进人类持续探索新领域方面的贡献，反映了人类在科技助力下的视野和足迹不断扩大。涵盖的科技成果包括深海探测、隧道掘进、航天技术等领域，如蛟龙号、盾构机、载人航天、探月工程等。

本展区突出展品与实物结合的布展方式，以"深海勇士"模拟海底探测机构为引入，通过"海翼号"水下滑翔机、深海勇士压力舱、单人深潜压力服等一批科研实物，呈现科技成就的直观形象，拉近观众与科技成就的距离。此外，对于隧道工程建设的大国重

图 2-5　展品组"盾构机"

器盾构机，采用了一个展品组的方式，通过半剖模型、刀具实物、模拟操作游戏等为观众营造近距离了解盾构机的环境；借助盾构机刀盘互动模型展示了盾构机的宏大工作场景，真实生动地反映了中国在大型工业设备领域的制造水平，展现了中国制造业的实力。

3．世界·认知

表现基础科学如何帮助人类完善世界观，从中体现中国基础研究能力的快速提升，涵盖的科技成果包括各类基础科学和材料技术领域的成就，如量子反常霍尔效应、正负电子对撞机、"悟空号"暗物质粒子探测卫星、500米直径大型球面射电望远镜、X射线空间天文卫星"慧眼"、铁基超导等。

本展区采用类比模拟的手段，把基础科学中一些难以表达的抽象原理用形象的手段进行展示。例如，"'悟空号'暗物质粒子探测卫星"展品，以类比手段，借助偏振图像作为载体，把抽象的科学原理物化为直观的偏振背景画，向观众传达"我们可见的宇宙只是很小的一部分，但是借助科学手段人类眼界将不断得到开拓"的科学精神，加深观

图 2-6　展品组 "FAST"

众的印象;"500米口径球面射电望远镜(FAST)"展品组,模拟了主动反射面节点盘及馈源舱工作过程,并将FAST监测数据进行艺术化处理,转化为"歌与画",展现了我国天文领域重大观测设备的结构、工作原理以及取得的观测成就,展示了我国在天文观测领域的重大技术进步。

4. 生活·提升

表现科技在改善人民生活方面做出的贡献,体现中国科技发展的惠民性,涵盖的科技成果包括能源工程、医药、农业、气象等方面,如"华龙一号"、青蒿素、人类基因组计划、超级稻、汉字激光照排、风云卫星、洋山港四期码头等。

本展区除传统的模型、图文板展示外,采用了机械结构、多媒体及可视化软件技术,将一些复杂的技术原理的核心部分提取出来,简明直观地进行展示。例如,"汉字激光照排"展品,通过可互动的机械结构,展示王选院士在汉字信息化处理过程中最重要的发明——汉字压缩的核心原理,不仅有趣而且直观,突显了王选的成果在当代汉字信息化应用中的基础性贡献,弘扬了科学家坚韧不拔、攻坚克难的精神;"人工智能应用"展品则针对时下热点"人工智能深度学习",通过"五子棋对弈""蜜蜂历险记"两个小游戏,以图形化方式,展示人工智能深度学习算法的推理过程,不仅让人直观看到为什么机器下棋比人类更强,而且还能让人体会到机器深度学习的巨大威力,拉近了观众与人工智能技术的距离。

(三)尾声

本部分继续紧扣借助科技"对客观世界的探索"和"对人民自身生活的改善"的基本线索,从幻想的视角对未来科技的走向进行思考和展望,向观众提出开放性的问题,引导观众思考并想象未来科技的发展。

"畅想未来"展品以语音留言和互动投影相结合的方式,让参与者对改革开放下的经济科技全面深入发展和未来美好社会的宏伟蓝图展开畅想和憧憬。"致敬科技工作者"展品以获得国家最高科学技术奖的科学家群像,勾勒出一幅群英荟萃的壮丽图景,作为整个展览对科技工作者表达敬意的集中体现。

图 2-7　展品"致敬科技工作者"

六、环境设计

本展览总体设计以流线型的结构勾勒出"龙"形框架。展架借鉴红山文化的"玉猪龙"造型，采用多角度弧形结构，通过有效分割，营造出时空隧道般的探索氛围。曲线式展区规划，在有效疏导观众浏览顺序的基础上，突出了展览的厚重感。展品造型结构设计突破传统巡展方方正正的形式，充分考虑人体工程学，以流线型结构优化展台设计，并与展区规划相得益彰。

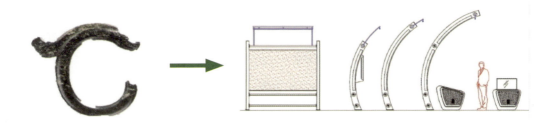

图 2-8　文物"玉猪龙"及展架造型

图 2-9 展览"创新决胜未来"鸟瞰图

七、展品构成

表 2-1 展览"创新决胜未来"展品构成表

展区	成就序号	成就名称	展品序号	展品名称
序言			1	从古代探索到大国重器
距离·联通	1	高速公路	2	高速公路网
	2	港珠澳大桥	3	港珠澳大桥整体模型
			4	港珠澳大桥沉管结构
	3	"复兴号"高速动车组	5	"复兴号"高速动车组
	4	青藏铁路	6	青藏铁路场景变化卷轴
			7	青藏铁路——热棒
			8	青藏铁路——路基模型

续表

展区	成就序号	成就名称	展品序号	展品名称
距离·联通	5	北斗导航	9	北斗导航应用
			10	三点定位
	6	"墨子号"量子卫星	11	"墨子号"量子卫星
	7	神威太湖之光超级计算机	12	神威太湖之光超级计算机
	8	C919	13	C919飞行模拟体验
			14	C919结构展示
	9	运20	15	运20
	10	AG600	16	AG600
领域·拓展	11	蛟龙	17	"蛟龙号"——结构拼装
			18	"蛟龙号"——感受水下压力
			19	"蛟龙号"——动感体验平台
	12	深海勇士	20	深海勇士机械臂
	13	"海翼号"水下滑翔机	21	"海翼号"水下滑翔机模型
			22	海翼滑翔机互动体验
	14	可燃冰	23	可燃冰水下开采
			24	981深海开采平台展示
	15	中国极地科考	25	"雪龙号"与中国极地科考
	16	"雪龙号"	26	破冰船原理展示
	17	盾构机	27	盾构机实物及视频展示
			28	盾构机刀片更换
			29	盾构机操作游戏
			30	盾构机半剖模型
	18	载人航天	31	航天成就
			32	太空维修
			33	太空拍照

续表

展区	成就序号	成就名称	展品序号	展品名称
领域·拓展	19	探月工程	34	宇航服拍照
			35	探月工程
世界·认知	20	FAST	36	FAST主动反射面结构
			37	FAST的歌声
			38	FAST馈源舱
	21	"慧眼"硬X射线调制望远镜	39	慧眼
	22	"悟空号"暗物质粒子探测卫星	40	"悟空号"（模型）
			41	"悟空号"（火眼金睛）
	23	"张衡一号"卫星	42	"张衡一号"卫星
	24	正负电子对撞机	43	正负电子对撞机——模型展示
			44	正负电子对撞机——直线加速器
			45	正负电子对撞机——环形加速器
	25	铁基超导	46	铁基超导
	26	量子反常霍尔效应	47	常规导电
			48	霍尔效应
			49	量子霍尔效应
			50	量子反常霍尔效应
生活·提升	27	3号染色体测序	51	3号染色体测序
	28	克隆猴	52	克隆猴
	29	超级稻	53	超级稻
	30	青蒿素	54	青蒿素
	31	汉字激光照排	55	中华文字艺术空间
			56	活字印刷
			57	彩色套印
			58	汉字激光照排

续表

展区	成就序号	成就名称	展品序号	展品名称
生活·提升	32	"华龙一号"	59	"华龙一号"
	33	洋山港码头	60	洋山港码头
	34	风云卫星	61	风云卫星
	35	高分卫星	62	高分卫星
	36	5G网络	63	惠民工程
	37	超高压输电线		
	38	西气东输		
	39	南水北调		
	40	人工智能	64	人工智能应用
			65	手迹造字
			66	五子棋对弈
			67	蜜蜂历险记
尾声	—	—	68	致敬科技工作者
			69	畅想未来

八、团队介绍

项目团队成员由来自中国科技馆展览教育中心、科普影视中心、网络科普部、展品技术部、观众服务部的业务骨干近30人组成，业务专长涵盖展览展品设计、教育活动开发与实施、教育及文创品开发、网站建设及网络推广等。团队人员工作分工如下。

全面统筹策划：廖　红

总体组织实施：李志忠

展览总体策划：李　博

展区策划：张华文　张志坚　唐剑波　孙伟强

展品策划：黄　践　刘枝灵　张磊巍　左　超　武　佳　魏　飞　高梦玮　秦媛媛
　　　　　姜　莹　曹文思　杨　洋　韩　迪　王　晔

文创开发：叶肖娜　侯易飞

展览数字化：吴彦旻　周明凯　卢志浩　赵志敏　张景翎　王　赫

九、创新与思考

（一）经验与收获

作为科技馆的科普展览，"创新决胜未来"突破传统科技成就展以模型静态展示为主的展陈方式，突出科技馆展览所独有的互动性、体验性、直观性特点。为了能将抽象的原理、复杂的技术以更适合观众接受的方式呈现出来，让观众与展品深度交互、融入，策展团队在展示内容和展示手段方面都面临着挑战，前者可以直观表述为"展示什么"，后者可以直观表述为"如何展示"。

在展示内容方面，策展团队对每一项成就的展示切入点进行了认真的思考，可以概括为从原理知识切入、从应用效果切入、从应用环境切入、从历史进程切入等。

在展示手段方面，策展团队尝试了各种技术和思路，包括综合多角度诠释、强化感官冲击表现、类比经典展品、配合教育活动等手段。

以青藏铁路为例，该科技成就集成了多种技术，在展示内容的选取上，以在青藏高原修建铁路需要面对的冻土、缺氧、生态保护等一系列难题为切入点，在这三大难题中以冻土问题作为重点进行深入展开。在具体的呈现方式上，以弧形展架营造独立空间区域，通过图文介绍、定制实物、机械互动、静态模型四种手段，进行综合多角度诠释。其中，实物展示了我国为解决冻土问题做出的技术创新装置——热棒，10米左右的热棒实物给予观众近距离的视觉冲击力。同时，为帮助说明热棒的工作原理，以机械互动装置——经典展品"饮水鸟"进行类比，介绍如何通过对流原理，实现热量的单向传导，静态模型模拟呈现了热棒、通风管、抛石路基的实际工作环境。图文展示在青藏铁路的整体情况、其他相关技术等方面进行补充。各种展示手段相结合，对青藏铁路进行多角度展示的同时，也达到了突出重点内容、增强交互性的目的。

除实体展品以外，本次展览还配套开发了多种教育活动、文创产品，并配合线上宣传，这些手段也在展品表现力不足时，为科技成就的展示提供了有益的补充。

（二）问题及建议

　　展览从开始策划，到最终呈现出来，历时约半年时间，在如此短的时间内，开发制作出这样规模的展览，对于策展团队是一个巨大的挑战。尽管如此，策展团队仍然尽可能多渠道、多角度联络相关单位，搜集权威信息和资源，并对内容进行反复锤炼。虽然在设计环节的早期已经为各展区定调了主题色，但由于项目分包是按照展品类型，而非展区划分，同一展区的展品可能涉及不同供货方，在设计制作环节的中后期，各展区各项科技成就的美术风格如何统一的难题愈发凸显出来。为此，团队成员夜以继日多方沟通并反复调整，终于保证了展览的按时按质开幕。这也给未来展览策划工作提供了经验，在项目策划中，对于项目分割应进行更加全方位的思考，合理的进度安排和项目分割可能收到事半功倍的效果。

项目单位：中国科学技术馆

文稿撰写人：李　博

二等奖获奖作品

大人国历险记

图 2-10　展览"大人国历险记"海报

一、背景意义

（一）选题来源与依据

中国古籍《山海经》中有关于"大人国"的记载，清代李汝珍的小说《镜花缘》中也有"大人国"的存在，而英国作家乔纳森·斯威夫特的著名小说《格列佛游记》中，"大人国历险记"的故事更是被中国读者所熟知。

其实，在我们每个人成长的过程中，都经历过一段特殊的"大人国历险记"，这段时期就是0~3岁的婴幼儿时期。婴幼儿生活在这个为成年人量身打造的世界中，如同置身于"大人国"中。但可惜的是，随着逐渐长大，所有人的这一段记忆都丢失了，几乎没有人能记得2~3岁之前发生的事。

婴幼儿时期记忆的丢失，被称为"infantile amnesia"或者"childhood amnesia"，即幼儿期遗忘。这使长大后的我们不再能准确理解婴幼儿的世界。我们身处的世界，从桌椅的高度、台阶的尺寸到门窗的把手，都是按照适合成年人的尺寸设计的，生活物品的设计也多是基于成年人的思维模式，这就导致婴幼儿成长过程中，会面临很多未被成人察觉的风险因素；在婴幼儿早期教育中，也会出现许多拔苗助长的无效之举。

（二）选题的意义

基于对0~3岁婴幼儿生理和心理发展变化的一系列研究成果，设计生动有趣的科技馆展览，是科技馆展览主题的创新。"大人国历险记"，既可以是人体科学展区的一个全新分支，也可以是儿童展区中的一个专为成人设计的独特版块，还可以开发成短期展览。

展览可以让成年观众以婴幼儿的视角观察这个丰富有趣而又充满危险的世界，"重新找回"早已丢失的记忆，重拾孩提时代；可以让成年观众更好地了解婴幼儿的认知规律和生理心理特点，更好地为人父、为人母，促进婴幼儿的健康和安全成长。

二、设计思路

（一）受众人群

展览主要面向即将为人父母和已经为人父母的广大成年观众。

（二）指导依据

让·皮亚杰的儿童心理学理论、格赛尔发展量表、贝利发展量表，以及关于0~3岁婴幼儿生理和心理发展变化的一系列研究成果。

（三）主题思想

嗨，大人，我们在非常努力地成长！

共有2个分主题，分别是"嗨，大人，世界好大好危险"和"嗨，大人，我尽力了你别催"。

（四）教育目标

（1）知识与技能目标　了解3岁以下婴幼儿的相关生理和心理发育知识。

（2）过程与方法目标　掌握抚育婴幼儿、理解婴幼儿的科学方法。

（3）情感、态度、价值观目标　认识到婴幼儿成长过程中，会面临很多未被成人察觉的风险因素；认识到在婴幼儿早期教育中，会出现许多拔苗助长的无效之举；树立科学的育儿理念——孩子在非常努力地成长，大人应该为孩子提供更科学、更安全的成长环境。

三、设计原则

为成年观众创造非常有趣的互动与体验空间，体验以婴幼儿的视角观察身边的事物与环境，体验婴幼儿的视觉、听觉、行为和感知，进而实现展览设定的教育目标。

两个分主题的语句（"嗨,大人,世界好大好危险"和"嗨,大人,我尽力了你别催"），需要在展区内做明确的可视化表达甚至多次表达，以便于主题思想的传递。

关于展品和教育活动的结合：因为目标观众以成年观众群体为主，教育目标的实现方式以展品为主，教育活动为辅。在第二分主题区中设置有部分教育活动类展品，既可由成年观众自主体验，也可由观众带领自己的孩子体验，还可以由辅导员组织开展相关教育活动。

四、展览框架

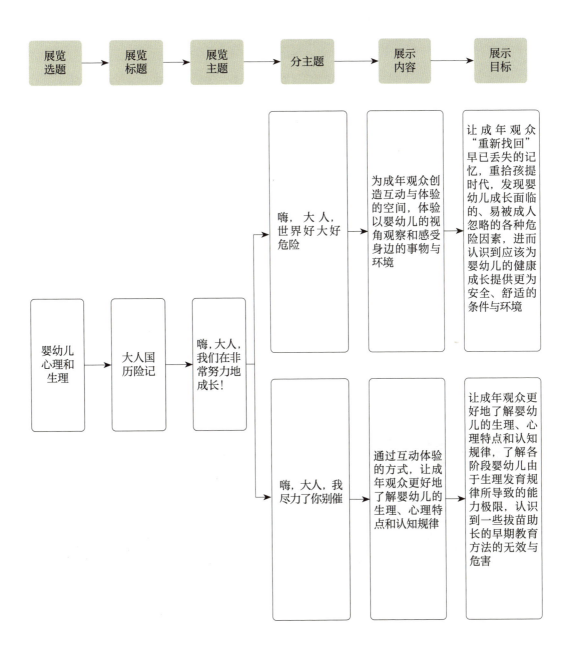

图 2-11 展览"大人国历险记"框架

五、内容概述

展览标题为"大人国历险记",主题是"嗨,大人,我们在非常努力地成长!"

共有 2 个分主题,分别是"嗨,大人,世界好大好危险"和"嗨,大人,我尽力了你别催"。

共设有互动展品 35 件,其中原始创新展品 24 件,改进和集成创新展品 9 件,行业已有和采购成品展品 2 件。

(一)分主题展区 1:嗨,大人,世界好大好危险

展区概述:为成年观众创造互动与体验的空间,体验以婴幼儿的视角观察身边的事物与环境,让成年观众"重新找回"早已丢失的记忆,重拾孩提时代,进而认识到应该为婴幼儿的健康成长提供更为安全、舒适的条件与环境。

成年观众的参考身高为 170 厘米,根据中国婴幼儿身体数据,18 个月幼儿的参考身高为 85 厘米左右。依据比例关系,这个分主题区的整体布展营造家居氛围,按 2 倍比例放大。空间中设置了餐厅和厨房区、客厅区、阳台和车库区、起居室区、卧室区,展品则按照家居环境的逻辑,与布展环境结合为一体。

图 2-12 展区"嗨,大人,世界好大好危险"效果图(餐厅和厨房区)

（二）分主题展区2：嗨，大人，我尽力了你别催

展区概述：通过互动体验的方式，让成年观众更好地了解婴幼儿的生理、心理特点和认知规律，了解各阶段婴幼儿由于生理发育规律所导致的能力极限，认识到一些拔苗助长的早期教育方法的无效与危害。这个分主题区不再放大家居环境，而是营造简洁明快的理性空间，展品体量也恢复到正常展品大小。

图2-13　展区"嗨，大人，我尽力了你别催"效果图（二层）

六、环境设计

展厅的净高不低于6米，面积约1000平方米。由于第二分主题区"嗨，大人，我尽力了你别催"采用双层夹层布局，本展览的设计布展面积约1300平方米，展墙高为6米。

在实际展览中，面积可以根据展厅建筑空间灵活调整，合适的展览面积在700～1300平方米之间，展厅净高在5～6米均可。

环境设计采用卡通元素，营造出五彩斑斓的童趣世界。展览空间分为两部分，分别对应两个分主题，一是卡通风格、模拟放大版家居场景的感性空间，二是常规高度、简洁明快的理性空间。展览呈串联式布局，按顺时针方向组织人流动线，观众步入展览入口后，依次经过第一、第二分主题区，最后从出口离开。

布展设计通过形象化的语言、对比的手法、动静的结合、流畅合理的动线，诠释展览设计意图，让观众读懂展览的含义，以达到展览的预期目的。

图 2-14 展览"大人国历险记"展区划分图

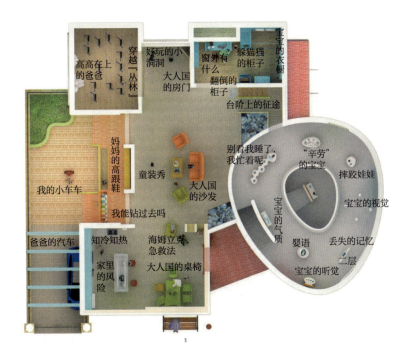

图 2-15 展览"大人国历险记"展品布局图

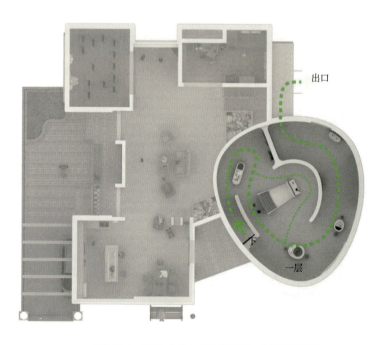

图 2-16 展览"大人国历险记"人流动线图

图 2-17 展览"大人国历险记"鸟瞰图

七、展品构成

表 2-2 展览"大人国历险记"展品构成表

展区	展品序号	展品名称	创新类型
嗨,大人,世界好大好危险	1	大人国的桌椅	集成创新
	2	家里的风险	改进创新
	3	知冷知热	行业已有
	4	海姆立克急救法	成品模型
	5	大人国的沙发	原始创新
	6	童装秀	改进创新
	7	我能钻过去吗	集成创新
	8	妈妈的高跟鞋	原始创新

续表

展区	展品序号	展品名称	创新类型
嗨，大人，世界好大好危险	9	爸爸的汽车	原始创新
	10	我的小车车	原始创新
	11	穿越"丛林"	原始创新
	12	高高在上的爸爸	集成创新
	13	好玩的小洞洞	改进创新
	14	大人国的房门	原始创新
	15	躲猫猫的柜子	原始创新
	16	翻倒的柜子	原始创新
	17	窗外有什么	原始创新
	18	宝宝的衣橱	原始创新
	19	台阶上的征途	原始创新
嗨，大人，我尽力了你别催	20	别看我睡了，我忙着呢	原始创新
	21	"辛劳"的宝宝	原始创新
	22	摔跤娃娃	原始创新
	23	宝宝的视觉	原始创新
	24	宝宝的听觉	原始创新
	25	丢失的记忆	原始创新
	26	婴语	集成创新
	27	宝宝的气质	集成创新
	28	拔苗助长	原始创新
	29	精细动作	原始创新
	30	不听话的笔	原始创新
	31	皮亚杰三山实验	原始创新
	32	皮亚杰守恒实验	原始创新
	33	巧克力在哪个柜子里	原始创新

续表

展区	展品序号	展品名称	创新类型
嗨，大人，我尽力了你别催	34	胎毛	原始创新
	35	宝宝互动笑脸墙	集成创新

八、团队介绍

展览设计方案由合肥市科技馆副馆长罗季峰独立创作完成。

合肥市科技馆历来注重团队建设，展区更新改造工作常抓不懈，重视展品的自主研发，创意设计了大量创新型展品，锻造了一支有创新思想、有创新能力的研发队伍。在多年的展区更新改造实践中，合肥市科技馆展品研发团队提出了"以我为主"的工作思路，更注重由自己提出创意、标准和要求，再向展品制作厂家定制。研发团队在长期的展品更新的过程中，不断加大自主研发、开拓创新的工作力度，经过多年的摸索和锻炼，合肥市科技馆展品研发部的研发水平和能力进一步提高，已逐渐成长为一支思想创新、屡获佳绩的优秀团队。

九、创新与思考

在展览的展品设计中，创新率较高。考虑到儿童行为学与心理学的特点，展品设计的互动形式比较简单。由于设计的条件中没有限定造价和面积，因此，在展览设计中，未重点考虑造价和展品的占地面积。该展览更适宜作为儿童乐园中的一个常设展览。

项目单位：合肥市科技馆

文稿撰写人：罗季峰

乐享科学 筑梦童心
——中国科学技术馆"儿童科学乐园"主题展厅

一、背景意义

儿童是科学普及工作的主要对象之一,也是科技馆的主要观众群体。以互动展品、活动为主的儿童科普展厅,创设符合儿童特色的展示环境,发挥科技馆的科学性、互动性、趣味性等特长来设计展品;着力为儿童打下科学启蒙的基础,又为儿童的全面成长创造条件;既吸收儿童教育和儿童心理研究成果,也同步于国内科学课程改革的政策指引。儿童展厅是激发科学兴趣、启蒙科学思维、休闲娱乐的重要儿童活动场所。中国科学技术馆早在二期建设(2000年)时,就针对低龄儿童的需求,率先建成国内科技馆的第一个独立儿童展区"儿童科学乐园",并荣获了2002年的中国博物馆精品陈列展览"最受观众欢迎奖",得到业界同行和观众的好评。新馆"儿童科学乐园"主题展厅位于一层西侧,展览面积3800平方米。2009年开馆至2016年底,"儿童科学乐园"主题展厅共接待观众556万人,可见观众对儿童展厅的喜爱。

近年来,随着社会生活水平提高和家长不断重视儿童社会活动,商业机构开办的大型儿童早教中心、游乐场所、职业体验馆等蓬勃发展,其中也借鉴了一些科技馆儿童展览的互动体验形式;各类综合或专业博物馆开始转变单一的静态陈列方式,陆续开辟了适合学龄前儿童的专门活动区;社会公益组织也积极探索儿童科普工作,引进儿童博物馆教育理念和运作模式。各类儿童活动场所的快速发展,既给我们带来了压力和挑战,又带来了新的启发。此外,教育部2012年颁布的《3~6岁儿童学习与发展指南》中明确了幼儿园科学教育的内容和目标，2017年颁布的新版《义务教育小学科学课程标准》在原标准覆盖的3～6年级外，专门增加了1～2年级课程标准，体现了国家对儿童早期科学教育的重视。

基于社会各界对儿童早期科学教育理念的提升，以及教育方式的多样化，中国科学技术馆"儿童科学乐园"主题展厅以常设展览更新改造整体规划为指导，融合先进教育理念、适应行业发展形势，进行全面更新改造。

二、设计思路

（一）受众人群

1. 年龄定位分析

针对当前展厅年龄定位范围过大的问题，项目组开展了咨询儿童教育专家、查阅儿童心理学研究成果、了解学校科学课程设置、在展厅进行实地调研等工作。

在学校课程设置方面，我国于2001年7月正式发布了第一部关于小学科学教育的课程标准——《全日制义务教育科学（3～6年级）课程标准（实验稿）》，没有对1～2年级提出要求。2017年2月发布的新版《义务教育小学科学课程标准》将1～2年级作为第一阶段，其内容和形式都与3年级以上有所区别。美国正在施行的中小学课程改革工程"2061计划"，将幼儿园至12年级儿童课程划分为4个阶段制订学习目标，其中第一阶段即为幼儿园至小学2年级。学校科学教育的这种设置充分考虑了儿童认知和发展的阶段不同，更有针对性地制定目标。

在早期儿童教育领域，在联合国儿童基金会的项目中包含0～8岁的儿童，美国最大的早期儿童教育学会NAEYC将0～8岁列入范围。根据专家的建议，0～3岁儿童的早期教育主要是家庭的责任，没有人能替代父母的作用，不建议作为科技馆的主要目标受众。

根据以上分析，结合观众调查数据，建议将观众年龄定位调整为3～8岁及陪同前来的家长。

2. 儿童认知发展规律

发展心理学认为儿童的认知发展有以下规律：一是由近及远，由自身接触的事物扩展至家庭、学校、社会及至世界；二是由表及里，幼儿阶段只认识事物的外部的、直观的表面现象，随着年龄的增长，才认识事物的内在的本质属性；三是由片面到全面，往往先专注于事物的某一部分而忽略其他部分，逐渐才能认识到事物的不同方面；四是由浅入深，对概念的掌握由表层意义、功用，再到本质特征，逐步深化；五是由绝对到相对，最初不能站在别人的立场上考虑，逐步了解事物的相对性，比较客观地认识事物及事物之间的关系。展览设计中将这些规律作为重要参考依据。

（二）指导依据

"儿童科学乐园"展厅更新改造，立足于3~8岁儿童的身心发展规律和学习特点，以教育部颁布的《幼儿园教育指导纲要》（2001）、《3~6岁儿童学习与发展指南》（2012）和《义务教育小学科学课程标准》（2017）等文件为内容规划依据，以《科学教育的原则和大概念》（2011）、《以大概念理念进行科学教育》（2016）等先进的科学教育研究成果指导设计理念。

（三）主题思想

展览以"热爱科学、快乐成长"为展览主题。根据儿童认知发展由近及远、由表及里的规律，从儿童自身开始，逐级扩展到身边的自然世界，了解社会生活中的科技应用，延伸到体验前沿科技和探索神秘的宇宙空间，形成按照"认识自己、亲近自然、了解社会、触摸科技"逐级展开的主题脉络。

（四）教育目标

展览以探究为主要方式，创造一个安全舒适、富于童趣、激发想象的环境，使儿童在快乐参与过程中获得直接经验，达到动手、动脑和动情，发展和保持对周围世界的好奇心和对科学活动的热爱，促进儿童科学素养的形成，提高儿童的创造能力和实践能力，培养使儿童终身受益的决策能力。同时将家长也作为重要受众群体，使家长在陪伴儿童的同时还能获得科学教育观念的提升。充分体现安全性、科学性、游戏性、启发性、关爱性。

三、设计原则

（一）安全要求

充分考虑儿童的身体特点和行为习惯，把安全放在首要位置，杜绝任何影响安全的结构及互动方式等隐患。

（二）内容规划

以科学教育的大概念为基础，参照学校科学课程标准，结合科技馆展示特点，选择适合儿童认知的事物和现象、概念和规律、工程技术等作为展示内容。

（三）互动形式

通过游戏、角色体验等多种形式，实现多感官互动体验，引导儿童进行探究式学习，促使儿童形成和发展探究能力，加深对科学概念的理解和认识。

（四）展品目标

展品达到激发科学兴趣和好奇心、培养创造能力和实践能力、启迪思考和想象其中一个目标。

（五）展品造型

外形圆润，色彩明快，形式活泼，符合儿童兴趣特点；遵照人体工程学，依照儿童身体指标设置展品操作位置和尺寸。

（六）环境设计

灯光明亮，空间布局开阔通透，布展简洁，充分利用现有建筑结构营造与观众交流的情境化场景；采取措施控制噪声。

（七）图文说明

图文版包括儿童和家长两部分内容，儿童部分以生动图示提示操作，家长部分提供相关知识背景和科学概念，传递儿童教育理念。

（八）家长角色

将家长作为展览的重要受众群体，发挥家长参观指导和安全陪护作用的同时，向家长传递科学教育理念。

（九）教育活动

同步策划围绕展览展品的教育活动，提供活动方案指导和条件配备。

（十）信息化

利用现代信息技术，提供观众参观档案记录查询、扩展知识推送等功能；设置中控系统，实现展品的集中智能控制。

四、展览框架

依据主题脉络和展区设置，结合《以大概念理念进行科学教育》中提出科学教育应围绕的 14 个主要科学概念，《3-6 岁儿童学习与发展指南》提出的学习要求，以及《义务教育小学科学课程标准》要求的 18 个概念，从物质特性和能量转化、自然世界的丰富多彩和生物的适应进化、宇宙的浩瀚与神奇、技术应用和社会发展等方面，选择适合儿童学习、能发挥科技馆展示特点的科学概念，规划各展区的展示内容，设定展示目标，搭建展览框架。

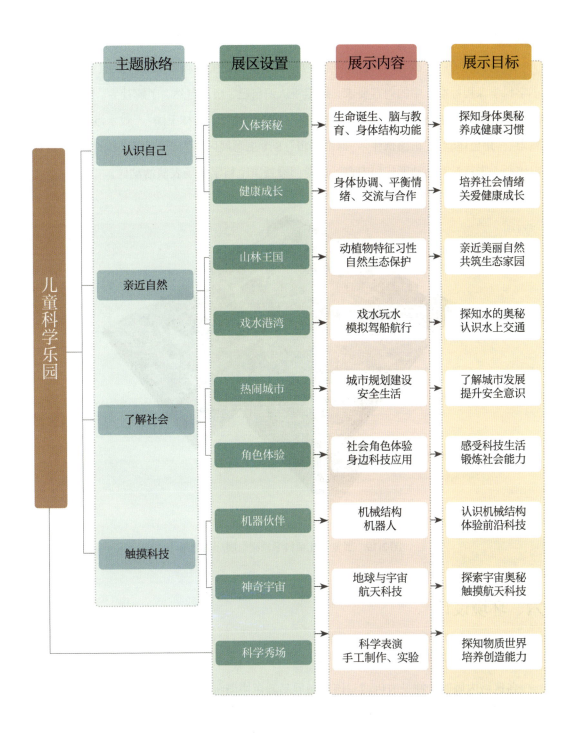

图 2-18 展览"儿童科学乐园"框架

五、内容概述

展览围绕《以大概念理念进行科学教育》中提出的主要科学概念,参照《义务教育小学科学课程标准》中的内容要求,按照"认识自己、亲近自然、了解社会、触摸科技"的主题脉络进行展开,共设置"人体探秘""健康成长""山林王国""戏水港湾""热闹城市""角色体验""机器伙伴""神奇宇宙"8个主题展区。为鼓励儿童展示自我,增强自信心,丰富教育活动形式和内容,还专门设置1个科学秀场表演活动区。

图 2-19　展览"儿童科学乐园"展厅鸟瞰图

六、环境设计

(一)环境设计要点

各区域内墙面、柱子的色调与该区域展品颜色协调统一,强化主题划分;整体环境通透、简洁、灯光明亮、色彩清新,氛围轻松活泼,符合儿童参观心理,同时确保参观的安全性;对地面、墙面、柱子进行平面设计,增加科学性内容,强化科普效果。

（二）序厅

在展厅入口设置序厅，该区域为序言区。展厅主题词吊挂在空中，形成独特的标语形式；两侧柱子颜色鲜艳，色块分明，主题欢快，区别于展厅其他柱子；区域中间采用三组儿童剪影式的雕塑表现展厅主题。

图 2-20　展览"儿童科学乐园"序厅效果图

（三）柱面装饰

柱面设计强调科学性，每一面都有不同内容，局部采用立体浮雕工艺，突出展区主题；柱子四周配备高低错落的座椅，提供休憩空间。

（四）墙面装饰

墙面的平面设计充满童趣，具有较强的故事性与科学性，结合投影展示，在静态墙面上增加动态效果。

（五）展品造型

展品多采用可爱、圆润的造型，鲜艳的颜色，利用儿童的设计语言与之交流，更加亲切自然，提高展品的亲和力与互动性。

图 2-21　展览"儿童科学乐园"展品造型示意图

七、展品构成

表 2-3　展览"儿童科学乐园"展品构成表

展区	展品序号	展品编号	展品名称
人体探秘	1	LY-2017-1-1	我从哪里来
	2	LY-2017-1-2	妈妈日记
	3	LY-2017-1-3	长得像谁
	4	LY-2017-1-4	我的血型
	5	LY-2017-1-5	"脑力"看得见
	6	LY-2017-1-6	脑与成长

续表

展区	展品序号	展品编号	展品名称
人体探秘	7	LY-2017-1-7	多重任务
	8	LY-2017-1-8	我的骨骼和肌肉
	9	LY-2017-1-9	肺的呼吸
	10	LY-2017-1-10	人体组装
	11	LY-2017-1-11	看见我的血管
	12	LY-2017-1-12	人体发动机——心脏
	13	LY-2017-1-13	测心率
	14	LY-2017-1-14	学刷牙
	15	LY-2017-1-15	我换牙了
	16	LY-2017-1-16	消化探秘
	17	LY-2017-1-17	我吃得健康吗
	18	LY-2017-1-18	身体排出的东西
健康成长	19	LY-2017-2-1	我的身高体重
	20	LY-2017-2-2	平衡板迷宫球
	21	LY-2017-2-3	虚拟帆板
	22	LY-2017-2-4	穿越障碍
	23	LY-2017-2-5	掰手腕
	24	LY-2017-2-6	拔河
	25	LY-2017-2-7	辨别左右
	26	LY-2017-2-8	看懂你的眼神
	27	LY-2017-2-9	猜一猜 ta 的情绪
	28	LY-2017-2-10	看看你的反应能力
	29	LY-2017-2-11	合作装货
	30	LY-2017-2-12	小鸟喂食
	31	LY-2017-2-13	气流迷宫

续表

展区	展品序号	展品编号	展品名称
健康成长	32	LY-2017-2-14	能进门洞吗
	33	LY-2017-2-15	穿越冰河
	34	LY-2017-2-16	轻柔错觉
山林王国	35	LY-2017-3-1	走进侏罗纪
	36	LY-2017-3-2	进化树
	37	LY-2017-3-3	奇妙沙池
	38	LY-2017-3-4	植物转转看
	39	LY-2017-3-5	神奇动物
	40	LY-2017-3-6	花时钟
	41	LY-2017-3-7	年轮的秘密
	42	LY-2017-3-8	小动物找妈妈
	43	LY-2017-3-9	动物的家
	44	LY-2017-3-10	伪装高手
	45	LY-2017-3-11	孵化我的恐龙
	46	LY-2017-3-12	蚂蚁的生活
	47	LY-2017-3-13	听听雨林的故事
	48	LY-2017-3-14	生态平衡
	49	LY-2017-3-15	体验飞翔
	50	LY-2017-3-16	恐龙时代
	51	LY-2017-3-17	动物拼图
	52	LY-2017-3-18	狡兔三窟
	53	LY-2017-3-19	山间小溪
戏水港湾	54	LY-2017-4-1	水上隧道
	55	LY-2017-4-2	反冲力转筒
	56	LY-2017-4-3	逐级落水

续表

展区	展品序号	展品编号	展品名称
戏水港湾	57	LY-2017-4-4	水雾蘑菇
	58	LY-2017-4-5	变幻的水花
	59	LY-2017-4-6	水柱托球
	60	LY-2017-4-7	水枪射击
	61	LY-2017-4-8	水枪驱球
	62	LY-2017-4-9	射球入洞
	63	LY-2017-4-10	八爪鱼喷水
	64	LY-2017-4-11	插片导水
	65	LY-2017-4-12	压水喷泉
	66	LY-2017-4-13	灯塔
	67	LY-2017-4-14	沉浮小水瓶
	68	LY-2017-4-15	潜水艇
	69	LY-2017-4-16	压水圈
	70	LY-2017-4-17	绳结
	71	LY-2017-4-18	开船航行
	72	LY-2017-4-19	信号员
	73	LY-2017-4-20	望远镜
	74	LY-2017-4-21	号旗
	75	LY-2017-4-22	海底探秘
	76	LY-2017-4-23	神奇船舱
热闹城市	77	LY-2017-5-1	规划我的城市
	78	LY-2017-5-2	哪种玻璃更安全
	79	LY-2017-5-3	整理我的房间
	80	LY-2017-5-4	自来水的旅行
	81	LY-2017-5-5	搭桥

续表

展区	展品序号	展品编号	展品名称
热闹城市	82	LY-2017-5-6	看看城市地下
	83	LY-2017-5-7	垃圾分类
	84	LY-2017-5-8	规划交通路线
	85	LY-2017-5-9	繁忙红绿灯
	86	LY-2017-5-10	特种车辆调度
	87	LY-2017-5-11	抗震检测台
	88	LY-2017-5-12	安全逃生
	89	LY-2017-5-13	紧急呼救
角色体验	90	LY-2017-6-1	我是……
	91	LY-2017-6-2	我是形象设计师
	92	LY-2017-6-3	我是建筑工程师
	93	LY-2017-6-4	粉刷房子
	94	LY-2017-6-5	焊接栏杆
	95	LY-2017-6-6	我是消防员
	96	LY-2017-6-7	我是出租车司机
	97	LY-2017-6-8	我是医生
	98	LY-2017-6-9	我是配音师
	99	LY-2017-6-10	我是动画设计师
	100	LY-2017-6-11	我是作曲家
	101	LY-2017-6-12	我是飞行员
	102	LY-2017-6-13	我是汽车维修工程师
	103	LY-2017-6-14	我是安检员
	104	LY-2017-6-15	我是交通警察
	105	LY-2017-6-16	我是生物实验员
机器伙伴	106	LY-2017-7-1	机器人识表情

续表

展区	展品序号	展品编号	展品名称
机器伙伴	107	LY-2017-7-2	球形机器人闯迷宫
	108	LY-2017-7-3	机器人舞台
	109	LY-2017-7-4	巧手跟我学
	110	LY-2017-7-5	自动驾驶
	111	LY-2017-7-6	机器动物
	112	LY-2017-7-7	机器木偶剧
	113	LY-2017-7-8	放风筝
	114	LY-2017-7-9	小球大冒险
神奇宇宙	115	LY-2017-8-1	为什么飞船能上天
	116	LY-2017-8-2	火箭拼装
	117	LY-2017-8-3	发射我的卫星
	118	LY-2017-8-4	空间站的一天
	119	LY-2017-8-5	遨游太阳系
	120	LY-2017-8-6	月相
	121	LY-2017-8-7	地球四季
	122	LY-2017-8-8	望星空
	123	LY-2017-8-9	听听地球的声音
	124	LY-2017-8-10	飞船对接
	125	LY-2017-8-11	联通月球背面
	126	LY-2017-8-12	太空城堡
	127	LY-2017-8-13	火箭
科学秀场	128	LY-2017-9-1	科学秀场

八、团队介绍

项目策划设计由中国科学技术馆展览设计中心完成,自主完成全部展览方案设计、艺术设计工作(设计团队人员工作分工见表2-4)。技术设计阶段联合展品技术部共同组建机械设计、电控设计团队,首次由中国科学技术馆设计队伍自主完成50%以上展品的技术设计任务。

表2-4 项目分工表

主创人员	职责分工
唐罡	部门分管领导
李赞	项目组长,"人体探秘""机器伙伴"展区策划
范亚楠	项目组长,"神奇宇宙"展区策划
李立	项目副组长,"健康成长"展区策划
王立文	"戏水乐园"展区策划
洪唯佳	"角色体验"展区策划
崔胜玉	"热闹城市"展区策划
张浩	"山林王国"展区策划
王晨飞	"机器伙伴"展区形式设计,"角色体验"展区策划
魏蕾	"人体探秘""健康成长"展区形式设计
王剑	"戏水港湾""神奇宇宙""热闹城市"展区形式设计
侯林	"角色体验""山林王国"展区形式设计

九、创新与思考

中国科学技术馆"儿童科学乐园"主题展厅是专为儿童开设的常设展厅,是启蒙科学思维、激发科学兴趣、亲子休闲娱乐的重要儿童活动场所。自2009年新馆建成开放以来,展厅深受广大儿童和家长们欢迎,累计服务观众超过750万人次。为适应新时代发展要求,更好地服务广大观众,中国科学技术馆对"儿童科学乐园"进行封闭改造,对原展厅环境和展品进行全面升级换代,于2019年6月1日重新对观众开放。新展厅有以下主要特点:

一是强化探究式学习，培养科学决策能力。展览设计过程中，充分吸纳国内外先进的科学教育理念，遵从儿童身心发展规律，鼓励儿童善于观察、勇于探索，在快乐参与过程中获得直接经验，提高儿童的创造力、想象力和实践能力，从小培养终身受益的科学决策能力。

二是开门办展广开言路，国际合作拓宽视野。项目团队在展览策划设计过程中，多次邀请教育学者、科普专家、科研人员、一线科学教师等多领域专家充分论证，保证展览内容科学严谨，符合儿童认知特点。聘请国际著名展览展品研发企业德国贺廷根公司担任设计顾问，拓宽国际视野完成设计方案。

三是强化儿童定制导向，打造专属主题乐园。展品巧妙运用了多种游戏化展示手段，实现多感官互动体验，引导儿童进行深度探索。展品造型圆润，配色鲜亮，形式活泼，满足儿童视觉喜好，并依照儿童身体指标定制展品尺寸和操作位置，以提供方便舒适的操作体验。

四是关注家长群体，传播科学教育理念。创新性地将家长作为重要受众群体，鼓励家长陪伴孩子参与体验，并通过每个展品图文版增添"给家长的话"，提供展品相关的知识背景、科学概念和科学教育理念，使家长在陪伴儿童的同时还能获得科学教育观念的提升。

五是线上信息化服务系统，提升参观互动体验。展厅 23 件展品接入了个性化参观数据推送系统，观众通过关注微信小程序，就可以将体验时的闯关记录、创造成果等数据进行存储，以便随时随地分享体验乐趣。此外，所有带电展品均无线接入中控网络，实现远程控制和运行状态监控。

六是教育活动内容丰富，精彩看点缤纷呈现。展厅同步开发系列教育活动，集科学性、观赏性、互动性为一体的教育活动将引导儿童进一步了解、认识、学习身边的科学，提高他们的创造能力和实践能力，培养他们对科学的兴趣。

重新开放 2 年多以来，新"儿童科学乐园"已安全平稳运行 2 个多月，深受观众的喜爱和社会广泛认可。下一步，中国科学技术馆将进一步优化展品性能，探讨展教方案，提升展教效果，为广大公众提供更加优质的科普服务。

项目单位：中国科学技术馆

文稿撰写人：李　赞　唐　罡　范亚楠

三等奖获奖作品

镜然如此

图 2-22　展览"镜然如此"海报

一、背景意义

习近平总书记指出,科技创新、科学普及是实现创新发展的两翼,要把科学普及放在与科技创新同等重要的位置。当前,中国特色社会主义进入新时代,我国将加快创新型国家建设。根据 2016 年抽样调查显示,2015 年我国公民具备基本科学素质的比例仅 6.2%,科普工作责任重大,面临更大挑战。科技部印发了《"十三五"国家科普和创新文化建设规划》，将提高科普创作研发传播能力作为八项重点任务之一，并明确提出"促进科普展览内容和展览形式的创新，倡导快乐科普理念，增强参与、互动、体验内容"。科普展览作为重要的科普活动和科普产品形式，在提升全民科学素质中扮演着重要的角色。本研发团队以此为背景，以第一届全国展品展览大赛为依托，设计研发"镜然如此"主题展览。

二、设计思路

（一）受众人群

展览主要面向三类人群。

1. 展览设计制作参与者

在展览的展示过程以及与展品互动的过程中，展览的设计方式、展示方法、制作工艺、材质选择、展览的受众满意度，都是展览制作者时刻关注的，这有助于他们在以后的展览设计中积累相关经验，创造性地开展工作，他们是展览的创造者，同时也是展览的各种信息的接受者。所以，展览设计人员也是受众，是一种特别类型的受众。

2. 展览辅导人员

展览辅导人员，会以公众易于接受的角度对展品进行解读，并且会对展览进行深入分析，会主动地接受关于展览的信息，这些信息所产生的影响，可能是正面的，也可能是负面的，而正确、全面的信息有助于受众对展览的解读。因此，展览辅导人员是展览受众很重要的群体，是提供正确、全面的信息帮助受众进行展览解读的关键。

3. 展览参观人员及展览信息传播者

这类人员主要是中小学生以及社会公众，他们包括了各个阶层、各个年龄段，他们的身份背景也不相同，他们是参观的主要人群。

（二）指导依据

展览以《全民科学素质行动计划纲要》中提到的"将科学技术研究开发的新成果及时转化为科学教育、传播与普及资源""鼓励和支持科普创作""鼓励和吸引更多社会力量参与科普资源开发"为指导依据，以光的反射知识原理为科学依据，以中国光学科技馆、德国沃尔夫斯堡费诺科学中心、香港科学中心及国内各科技馆镜子相关展品为参考依据。通过对不同种类镜子的展示来说明光的一些基本特性，激发观众探索科学原理的兴趣，从生活中发现科学、感受科学、利用科学，提高公众的科学素养。

（三）主题思想

镜子是一种表面光滑，具反射和折射光线能力的物品。最常见的镜子是平面镜，常被人们利用来整理仪容。在科学方面，镜子也常被使用在望远镜、镭射、工业器械等仪器上。我们把"镜子"拿来作为本次的展览主题，让观众了解更多关于镜子的神奇之处，通过动手、动脑深入了解镜子在各个领域中所带来的奇妙作用，激发广大公众特别是青少年的想象力。

同时，我们在展览中设置了各种与平面镜相关的教育活动，引导广大青少年在观看展览的同时进行探究式学习，在做中学，增加展览的科学性、知识性、趣味性、体验性。

（四）教育目标

展览旨在认知、体验、学习、探索四个方面使观众有所收获。

1. 认知目标

引导观众了解和认识镜子的历史、演变、制造等相关知识以及镜子的成像规律，引发公众思考。

2. 体验目标

观众在参与互动展品与相关教育活动的同时，发现镜子反射的原理、规律以及其在生活中的各种现象，激发公众对科学的兴趣。

3. 学习目标

激发观众对平面镜反射相关知识的好奇心和求知欲，鼓励观众对照展示内容进行深入剖析与研究，唤起公众对身边科学的思考。

4. 探索目标

本展览同时设置平面镜相关的教育活动，带领广大青少年在做中学，进行引导探究式学习、发现式学习、体验式学习、情境学习，对于启发青少年科学思维会有很大帮助。

三、设计原则

（1）展览主题提炼和展示内容规划应紧密结合镜子折射与反射的相关知识，从观众易于接近、理解、体验的基点出发，围绕生活中的现象确定展示内容。

（2）基于镜子的相关知识、原理和规律，引导观众通过动手、动脑深入了解镜子在各个领域中所带来的奇妙作用，激发广大公众特别是青少年的想象力。

（3）展览形式设计应尽量采用模块化，强调轻便、适宜快速安装拆卸和便于运输；展品设计应以技术手段成熟、展示效果精彩、便于小型化、运行稳定为原则；所有展品全部独立包装在特定的运输柜中，不与展墙一同运输，同时镜子、玻璃运输的柜体内配有厚海绵隔层，减少运输过程中镜面间的摩擦以及损坏等情况，同时满足运输、拆装、展示和美观等多重需要。

（4）考虑到展览布局，设计师利用60°夹角等边三角形作为整个展区的整体框架，使整个展览富有张力，设计风格简洁、明快，结构展墙轻便、耐用。由桁架及展墙组成的展区，面积可增加也可减小，适应不同的巡展场地。

四、展览框架

展览以镜子的产生、镜子与生活的关系、镜子所产生的神奇现象为展示线索，设置四个分主题。

分主题1：镜子沿革

本部分从镜子历史入手，讲述镜子的发展过程，以及我国镜子的产生、使用的历史渊源。

分主题2：镜子与生活

根据平面镜可以成等大正立的像这个特点，镜子在生活中的应用无处不在，它已成为我们生活中不可或缺的部分。

分主题3：镜子与艺术

由于平面镜的反射原理，多个平面镜组合或者配以现代化的声光手段，我们常见的平面镜就会呈现出令人惊叹的视觉效果，就像一件件艺术品。

分主题4：教育活动

教育活动是对观看展览后所学到知识的补充与提高，带领广大青少年在做中学，引导青少年进行探究。

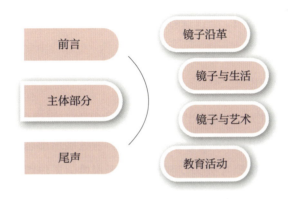

图 2-23　展览"镜然如此"框架

五、内容概述

"镜然如此"主题科普展览占地面积约 600 平方米，展品 36 件。我们每天都会照照镜子，整理一下自己的仪容，但对于这个我们经常用到的物品你是否想到了它的科学原理？如果经过我们巧妙的设计、重复的组合，原本平淡无奇的镜子又会呈现出怎样的视觉效果？其实只要我们仔细观察生活中的每一个物品，就会发现它们都或多或少地蕴含一些科学道理。原来，科学也并非都是高深莫测的东西，它如此美妙，就在我们身边！

图 2-24　展览"镜然如此"效果图

这是一个科学与大脑碰撞的展览。此展览全部为互动的展品，但强调的是思考与展品的互动，注重剖析"镜子"这种平常事物其科学原理的深刻性，它不单单是肢体与展品的互动，也是大脑与展品的互动。观众通过观察、体验、思考，最终会得出这样的结论："哦！竟然如此！原来是这样！"这就是我们制作此展览的初衷。

六、环境设计

展览在环境设计风格上，营造出神秘、探索的氛围，使观众在互动展品、多媒体、艺术形式及图文内容等构成的环境中参观和体验。通过展示形态的点、线、面、体的分离和结合，利用现代高科技等方法，为观众创造一个提供信息传播的、开放式的展示空间。同时借助展品、版面、灯光、色彩等综合媒体来传递科学信息，使观众在其空间内部的流动之中感受三维时空的环境魅力，感受镜子反射现象带来的启迪与思考。

图 2-25　展览"镜然如此"鸟瞰图

七、展品构成

表 2-5　展览"镜然如此"展品构成表

展区	展品序号	展品名称	展品序号	展品名称
镜子沿革	1	镜子的历史、演变与制造	3	铜镜
	2	透光宝镜	4	不同颜色的镜子
镜子与生活	5	反转镜	12	凹面镜聚热
	6	背面镜	13	消失的身体
	7	全反镜	14	镜中人
	8	双像镜	15	镜子在汽车上的应用
	9	侧像镜	16	放大的自己
	10	横卧镜	17	智能镜子
	11	光路	—	—
镜子与艺术	18	正三面镜井	28	水晶球
	19	正二十面镜井	29	凸面镜与凹面镜
	20	魔镜的秘密	30	镜面像素画
	21	神奇的小球	31	神奇的飞机
	22	迷你镜阵	32	镜子的艺术
	23	透视墙	33	面面俱到
	24	声控烟花	34	镜面错觉
	25	镜面雕塑	35	互动镜墙
	26	哪个是真实的我	36	身临其"镜"
	27	勺子的艺术	—	—

八、团队介绍

项目团队成员由来自黑龙江省科学技术馆相关领导及展品研发部共4人组成（工作分工见表2-6），业务专长涵盖展览展品设计、教育活动开发与实施、教育及文创品开发等。

表2-6　团队成员表

主创人员	职责分工
德晓龙	总策划
许黎辉	总策划
刘昕东	总策划
邵　芳	设计、文案

九、创新与思考

（一）关于展览主题的选择

"镜然如此"主题科普展览的主题取材贴近公众生活，可有效地调动公众参观的积极性，以平淡无奇的平面镜为切入点，逐步探寻其中蕴含的科学知识。对于展览主题的选择，要充分调研公众的科普需求，既可以从公众身边常见的实物入手，也可以根据社会突发事件和热点、科学前沿及新技术成果等多方面展开选题策划。总之要充分体现科学性与艺术性或社会热点，积极地回应公众的需求；不断地为公众身边的科学或新的科学进展提供展示的平台；选取公众关注、启发性强的主题内容，涵盖社会生活的各个领域，全面提高公众的科学素养。

（二）关于展示内容的选择

科技馆不同于博物馆，没有珍贵的文物或藏品，传统的展示方式已经无法吸引观众。因此，展览内容设计视角独特、激发观众兴趣是成功策划展览的要诀之一。展览里的展品除了要具备科学属性，还要赋予展品性格和情感。通过视觉、听觉、触觉等多重感官交织,使观众与展品之间产生情感的对话,接受不一样的科普教育。要充分结合现代化的展示技术和手段,本展览里的"声控烟花"展品,就是从观众的视觉、听觉入手,使公众产生沉浸式体验的效果,引起展品与公众的共鸣。

(三)有效打通展览与观众之间的连接路径

无论是展览主题的选择还是展览内容的确定,其主要的核心任务是建立观众与展览之间的内在连接。优秀的展览策划人员需要对展览资源进行梳理、整合、创新,使展示内容符合公众的需求与认知规律,形成科学严谨、逻辑缜密、生动有趣的展览内容,引导观众对展览产生兴趣,从而认真而深入地通过展览对专题进行研究。所以,在展览规划的前期,需要深入地了解受众的兴趣点与关注点,对展览内容进行深入的钻研,使展品的设计符合大部分人的心理预期,更好地服务公众。

参考文献

[1] 轩植华,白贵儒,郭光灿.光学[M].2版.北京:科学出版社,2019.

[2][墨]丹尼尔·马拉卡纳·赫尔南德斯.光学设计手册[M].3版.邢廷文,廖志杰,等译.北京:机械工业出版社,2018.

[3] 连铜淑.反射棱镜与平面镜系统——光学仪器的调整与稳像[M].北京:国防工业出版社,2014.

项目单位:黑龙江省科学技术馆

文稿撰写人:邵　芳

科普大篷车专题展览

——"健康生活""智能时代"主题

一、背景意义

科普大篷车项目自 2000 年启动，走边疆、下农村、进校园、进社区，通过科普展品、实验表演等多种内容、形式丰富的车载资源把科普知识送到基层公众身边。由于其机动灵活的特点，极大地满足了基层公众的科普需求，被亲切地称为"科普轻骑兵"，有效解决了"科普服务最后一公里"的难题，真正实现科普服务零距离、全覆盖。

科普大篷车项目团队在大篷车运行期间，逐步优化、丰富大篷车车载资源，虽然取得了良好的展教效果，获得了丰富的实践经验，但展览主题以基础科学为主，难以满足基层公众日益增长的科普需求。为贯彻落实《全民科学素质行动计划纲要实施方案

图 2-26 科普大篷车实拍展示图

（2016—2020年）》和《中国科协科普发展规划（2016—2020年）》，实现中国特色现代科技馆体系在"十三五"期间的全面创新升级，故对科普大篷车车载资源开发提出了新的要求，进一步丰富科普大篷车车载资源，围绕国家战略、纲要宣传内容，针对基层公众的科普需求及社会热点问题，创新开发各类、特定主题的车载资源。

二、设计思路

（一）受众人群

科普大篷车的主要目标群体集中在基层地区（特别是贫困、边远地区）农村、社区、学校，服务人群包括农民、社区居民、学生等。

根据对科普大篷车目标群体的需求调查数据，医疗健康、信息技术、高新技术、农业技术、基础科学、食品安生等内容的关注度较高。

（二）指导依据

大篷车车载资源的开发围绕国家政策需求、科技及社会热点和基层群众的科普需求进行开发。《全民科学素质行动计划纲要实施方案（2016—2020年）》中明确农民科学素质行动措施应"帮助农民养成科学健康文明的生产生活方式，提高农民健康素养""加强农村科普信息化建设"等。

随着十八届五中全会公报的发布，"健康中国"一个全新概念走进人们生活。随着"十三五"规划的落地，"健康中国"正式升级至国家战略。健康已经成为全民关注的重要热点问题。在2016年的全国卫生与健康大会上，习近平总书记发表重要讲话，强调没有全民健康，就没有全面小康，要把人民健康放在优先发展的战略地位。《"健康中国2030"规划纲要》《中国公民健康素养——基本知识与技能（2015年版）》及《全民健康生活方式行动方案（2017—2025年）》等多项文件政策的出台明确了全国健康科普的重要方向和目标。

随着互联网、先进制造技术、机器人、人工智能等技术的飞速发展，智能生活、智能生产、无人系统、大数据等技术渗入人们生活、生产的各个领域，社会已经逐步进入一个智能化的时代。针对智能领域发展，国家制定《中国制造2025》《机器人产业发展规划（2016—2020年）》等政策文件，大力推动智能家电、信息产业、智能交通、机器人、人工智能等智能产业的发展。

（三）主题思想及教育目标

根据国家政策及基层群众科普需求，科普大篷车展览主题选取"健康生活""智能时代"，旨向基层群众传递健康生活理念，展现智能时代风采，更好地热爱生活，感受高新科技，看到世界，看到前沿。

三、设计原则

（一）内容规划

展览内容规划紧密结合观众的科普需求，从目标群体易于接近、理解、体验的基点出发，围绕百姓生活中的具体事例和实际问题确定展示内容，让大篷车车载内容更"接地气"，让科技成果真正惠及农村乡镇地区的居民。

（二）结构设计

展品结构设计秉承模块化、标准化原则，强调轻便、小型化、运行稳定，适宜快速安装和拆卸，且便于运输。

（三）遮光设计

多媒体展品考虑户外光线因素，通过屏幕选择（使用高亮屏）、增加反光膜和避光罩等措施减弱反光现象。

（四）展示手段

设计中融合当前发展成熟的高新技术如VR、AR、机器人等，以互动展品的形式让观众零距离体验高新技术，帮助基层观众"看到世界，看到前沿"，同时增加知识展板进行辅助展示。

（五）信息化设计

展品融合互联网＋进行展示拓展，丰富展示形式，实现无地域、无时间限制的科学普及，如二维码拓展展品科普内容、线上平台动态虚拟展览等。通过信息化的手段让观众把大篷车带回家，增强观众对大篷车的长期关注度。

（六）安全要求

展品设计综合考虑安全因素，杜绝任何影响安全的结构及互动方式等隐患。

四、展览框架

"健康生活"主题展区，从生理健康、心理健康、健康管理三方面进行展示，设置数字健康、人体探秘、心理认知、生活方式四部分内容，传递疾病防控（高血压、心血管、糖尿病等）、"三减三健"（减盐、减油、减糖、健康口腔、健康体重、健康骨骼）、科学运动、

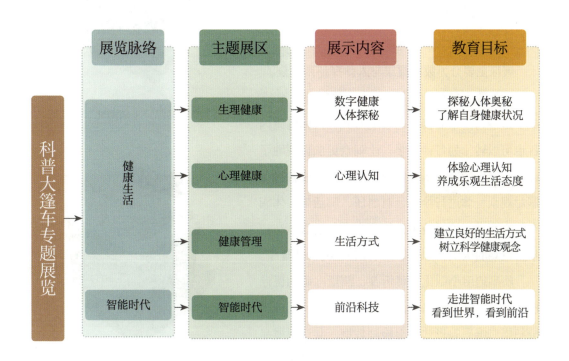

图 2-27　科普大篷车专题展览框架

控烟限酒和情绪管理等知识，引导基层公众了解自身身心健康状况，合理进行健康管理，养成良好的生活习惯，树立科学的健康观念，以积极乐观的生活态度共同诠释"健康生活"主题，共同建设"健康中国"。

"智能时代"主题展区通过智能家居产品、机器人、无人系统等内容展示智能时代下人们的生活、生产，引领基层群众了解当前智能技术在各领域的应用和发展，希望基层公众通过亲身互动体验，感受智能时代，看到世界、看到前沿。

五、内容概述

展览面积约 2000 平方米，展品约 70 件。展览以国人借助科技手段对客观世界的探索和对自身生活的改善为基本线索，纵向包括序言、主体、尾声三个区域，主体部分又分割成若干子区域。

（一）健康生活

1. 主题展区1：生理健康

展区主要分为数字健康与人体探秘两部分。

（1）数字健康 "关于身体，数字有话说。"数字是最为简单而直观的表现方式，人体健康内容也可以转化为各种数字，让观众更加直观地了解自身健康情况。本展区为检测区，通过各种仪器对观众身体进行检测，对血压、肺活量、体脂率等方面进行测量分析，使观众对自己身体有初步且直观的认识，引导观众关注自己的身体健康。

展品选用小型化、可折叠、测量准确的医疗检测设备，当有网络全面覆盖时，观众可通过手机扫描二维码等形式获得检测数据。共设置展品5件，分别为"血压测量""测量心跳""体重健

图 2-28　展品"平衡测试"效果图

图 2-29　展品"VR 免疫保卫战"效果图

康""平衡测试"和"移动健康"。

（2）人体探秘 人体像一台复杂而神奇的机器，各大系统在天衣无缝的配合下，日夜不停地工作，维持着人们的生命、感情、思维与健康。本展区通过介绍人体器官、感官功能、遗传规律等内容，引导观众更好地认识自己身体精密的结构和奇妙的功能，更好地珍爱自己的身体。共设置展品6件，分别是"看见血管""声光反应测试""人体器官""手眼协调""血型的秘密"和"VR免疫保卫战"。

2. 主题展区2：心理健康

心理健康是人类健康的重要标志之一，也是健康生活不可或缺的重要部分。倡导健康生活方式，要加强心理健康服务。本展区主要对心理学中的认知内容进行展示，通过展示记忆力、反应速度、专注力、情绪认知、信息加工等内容，引导观众客观认识自我，合理进行情绪管理与调节，积极、健康地面对生活。展区设置6件展品，分别是"读眼有术""大变身""合作运球""神奇图片""旋转迷宫"和"正视抑郁"。

图2-30 展品"旋转迷宫"效果图

3. 主题展区3：健康管理

良好的生活方式可以让人们拥有健康的身体、愉快的心情和良好的心态。本展区通过展示不良生活方式对健康的危害、合理的饮食起居方式、健康生活小知识等内容，帮助观众建立良好、有序、健康的生活方式及生活态度，降低健康风险，远离疾病，树立健康生活的理念。展区设置展品9件，分别为"善待你的血管""骨骼健康""学刷牙""勤劳的心脏""应急小医生""膳食宝塔""科学运动""吸烟与健康"和"醉酒状态"。

图2-31 展品"科学运动"效果图

4. 健康生活主题知识展板

设计健康生活主题的展板，以文字、漫画、翻板等形式介绍健康生活知识。如对自身健康做评估、食品药品安全、婴幼儿护理、合理膳食、"三减三健"、糖尿病等常见病症介绍以及老人、儿童等特定人群饮食；疾病防控方面展示传染病的防护，如肺结核、艾滋病等。

（二）智能时代

1. 主题展区：智能时代

本主题通过智能家居产品、机器人、无人系统等内容展示智能时代下人们的生活、生产，引领基层公众了解当前智能技术在各领域的应用和发展，希望基层公众通过亲身互动体验，感受智能时代，看到世界、看到前沿。展区设置展品12件，分别为"表情帝""追踪小能手""智能魔镜""智能管家""脑电游戏""学手势""为你写诗""智能时代购物（电子商务）""无人驾驶""智能出行""认识无人机"和"无人机大展身手"。

图2-32　展品"智能时代购物（电子商务）"效果图

2. 智能生活主题知识展板

设计智能生活主题的展板，以文字、图片等形式介绍当下代表性的智能产品。如智能手机、网络5G时代、工业4.0模型、类脑计算机、量子通信技术、神威·太湖之光超级计算机等。

六、环境设计

科普大篷车作为"科普轻骑兵",将科普知识送进田间地头、社区广场、学校军区……对于场地要求低、小型化展品可根据实际场地大小进行摆放,无固定环境要求。图2-33为面积稍大的空地上的一种展示形式。

图2-33 科普大篷车的展示方式之一

七、展品构成

表2-7 展览"科普大篷车专题展览"展品构成表

主题	展区		展品序号	展品名称	创新类型
健康生活	生理健康	数字健康	1	体重健康	集成创新
			2	血压测量	行业已有
			3	测量心跳	行业已有
			4	平衡测试	集成创新

续表

主题	展区		展品序号	展品名称	创新类型
健康生活	生理健康	数字健康	5	移动健康	集成创新
		人体探秘	6	人体器官	集成创新
			7	手眼协调	集成创新
			8	声光反应测试	行业已有
			9	看见血管	行业已有
			10	血型的秘密	集成创新
			11	VR免疫保卫战	集成创新
	心理健康		12	旋转迷宫	原始创新
			13	合作运球	集成创新
			14	读眼有术	行业已有
			15	神奇图片	集成创新
			16	大变身	行业已有
			17	正视抑郁	原始创新
	健康管理		18	骨骼健康	集成创新
			19	学刷牙	集成创新
			20	勤劳的心脏	集成创新
			21	善待你的血管	行业已有
			22	应急小医生	集成创新
			23	膳食宝塔	集成创新
			24	科学运动	集成创新
			25	吸烟与健康	原始创新
			26	醉酒状态	原始创新
智能时代	智能时代		27	智能魔镜	集成创新
			28	智能管家	集成创新
			29	智能时代购物（电子商务）	原始创新

续表

主题	展区	展品序号	展品名称	创新类型
智能时代	智能时代	30	脑电游戏	集成创新
		31	表情帝	行业已有
		32	追踪小能手	行业已有
		33	学手势	集成创新
		34	为你写诗	集成创新
		35	无人驾驶	集成创新
		36	智能出行	集成创新
		37	认识无人机	集成创新
		38	无人机大展身手	集成创新

八、团队介绍

项目团队成员由来自中国科技馆展览设计中心的业务骨干11人组成，业务专长涵盖展览展品策划、机电设计、形式设计等。团队人员的工作主要分为策划及形式设计两部分，分工如下。

策　　划：孙晓军　洪唯佳　韩永志　崔胜玉　毛立强　杨　裔　司　维

形式设计：张　旭　魏　蕾　侯　林　王　剑

九、创新与思考

（一）建设大篷车车载资源库

随着科普大篷车项目的不断发展、内容的不断充实，应建立大篷车车载资源库。通过开发主题类展品和资源，建立展品专题资源库。随展览运行，将逐步开发、扩充主题类资源库；运用互联网技术，搭建大篷车资源资料信息线上平台。各地区可根据车体及地方需求的不同，进行展品资源菜单式、系列化选择。

（二）拓展线上科普资源

展览充分运用互联网技术，丰富展示形式，实现无地域、无时间限制的科学普及。例如手机扫描二维码拓展展品科普内容，推送相关主题的科普资源，开展"我爱大篷车"照片上墙活动，上传参与展品的照片到科普大篷车相关网站呈现等形式，通过信息化的手段让观众把大篷车带回家，增强观众对大篷车的长期关注度。

项目单位：中国科学技术馆
文稿撰写人：孙晓军

满足你的好奇心，切！

一、背景意义

每个人都有着与生俱来的好奇心，对身边的万物都感到新鲜与好奇：电视机可以显示图像，这个方盒子里面究竟有没有藏着几个人？汽车跑动飞快，车轮后面是什么样的？让子弹飞，子弹的肚子里有什么？人类就是这样，从出生到死亡，好奇心伴随着整个人生，也成为人类进步的动力源泉，是人类发展的第四驱动力，激发人类不断探索未知世界的热情。

我们的成长经历中都有过想把某个物品拆开的冲动，很多人都有过拆散闹钟无法复原的记忆。这些行为就是来源于想要拨叶寻根、一探究竟，这些事物到底是由什么组成的，怎样运转的？

展览从"切"展开，将日常生活中常见却不了解内部结构的东西呈现，让观众在出乎意料中探索未知，吸引他们进一步探究世界的科学本源。

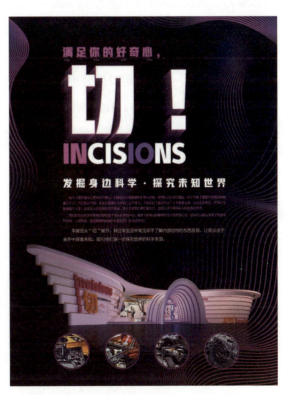

图 2-34 展览"满足你的好奇心，切！"海报

二、设计思路

（一）受众人群

展览面向全体社会公众。

（二）指导依据

中国大百科全书、建筑学、材料学、艺术学等。

（三）主题思想

我们用工具切开身边的物体，我们用思想切开未知的世界。

事物的外形或表面是我们司空见惯的，而其剖面往往是我们不经常见到的，当然，切开一个西瓜这样的除外。"切！"主题展览旨在以好奇心为切入点，启发观众的创造力与想象力，激发成人的求知欲和科学思考，提高民众科学素养水平。

从展览设计方法上，"切"既不是学科分类、编年史，也不是完全意义上的主题展开，它再次运用多元叙事结构，一条主脉是主题，一条辅脉另辟蹊径。具体说来，一"元"是"主题"，另一"元"可以是分类（平行学科、并列事物等）、历史（科技史、时间线等）、话题（社会热点）、共性（规律、特性等）等其他概念的展览选题，甚至是上述类型的部分组合，一方面给展览主题的表达赋予内容结构的载体，另一方面通过展览内容结构表达深刻的思想内涵。

（四）教育目标

通过展览，让观众了解事物背后未知的科学知识，通过了解事物的本源，学会透过现象看本质的分析方法。

三、设计原则

根据观众在科技馆里的参观习惯，展览围绕设主题、讲故事、说原理、做活动展开。一张一弛是文武之道，我们也需要最直接的展览方式，让观众毫不费力地一目了然，但这里说的"一目了然"可不简单，最好的效果是让观众发出一声恍然大悟的"哦，这样啊！"

"切！"主题展览以"发掘身边科学·探究未知世界"为展览指导思想，根据展览特点和社会需求，从观众易于接近、理解和体验的基点出发，配合情景化、互动化、艺术化的展览形式，以一定的知识体系展示身边事物的内部原理，激发观众的好奇心与探索欲。

四、展览框架

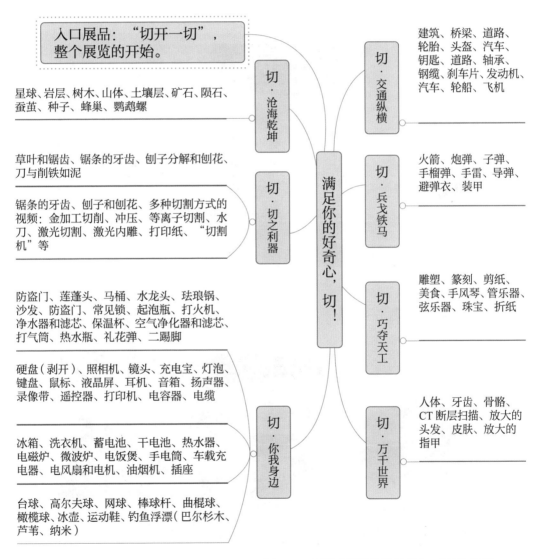

图 2-35 展览"满足你的好奇心，切！"框架

五、内容概述

展览标题为"满足你的好奇心,切!",主题是"我们用工具切开身边的物体,我们用思想切开未知的世界"。从外部与内在两个角度出发,通过设置 7 个分主题来探寻、解析身边的科学知识。7 个主题展区分别为"沧海乾坤""你我身边""交通纵横""兵戈铁马""巧夺天工""万千世界"和"切之利器"。展览面积 1260 平方米,共设有互动展品 70 件套。其中,原始创新展品 35 件套,集成创新展品 10 件套,行业已有展品 25 件套。

图 2-36 分主题展区效果图 1

图 2-37 分主题展区效果图 2

六、环境设计

布展创意来源于美国亚利桑那州北部著名的羚羊峡谷地质景区。柔软的砂岩经历过百万年的风蚀与水蚀，形成了今天的奇特景观，让我们惊叹自然之刀的鬼斧神工。运用流畅的曲线与切割面，构建出层次分明、抑扬结合的展览空间。各个分主题、展品、展台与布展完美融合，展品分布在空间的墙、顶、地空间内，让展品成为布展的一部分，展现自身的亮丽风景。一条条切面飘带不仅带来了美的享受，同时承载内容知识点的传递，还为空间营造奇特的灯光留下足够空间。同时，展墙的撕扯状的纹路，取自于木工刨出刨花的质感，与主题暗合，是工匠精神的体现。

图 2-38　展览"满足你的好奇心，切！"展区划分图

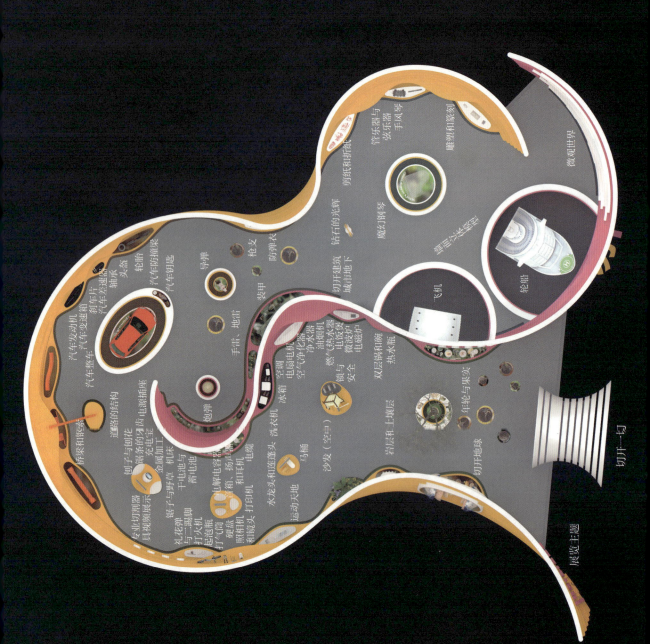

图 2-39 展览"满足你的好奇心,切!"展品布局图

图 2-40 展览"满足你的好奇心,切!"人流动线图

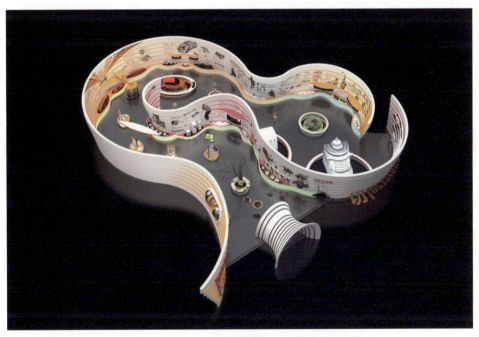

图 2-41 展览"满足你的好奇心,切!"鸟瞰图

七、展品构成

表2-8 展览"满足你的好奇心,切!"展品构成表

展区	展品序号	展品名称	创新类型
入口	1	切开一切	原始创新
沧海乾坤	2	切开地球	原始创新
	3	岩层和土壤层	行业已有
	4	年轮和果实	集成创新
你我身边	5	锁与安全	原始创新
	6	沙发	行业已有
	7	马桶	行业已有
	8	空气净化器	原始创新
	9	净水器	原始创新
	10	双层锅和碗	原始创新
	11	热水瓶	原始创新
	12	打气筒	原始创新
	13	水龙头和莲蓬头	原始创新
你我身边	14	打火机	原始创新
	15	电源插座	行业已有
	16	礼花弹和二踢脚	原始创新
	17	硬盘	行业已有
	18	照相机和镜头	原始创新
	19	充电宝	行业已有
	20	音箱、扬声器和耳机	原始创新
	21	打印机	行业已有
	22	电缆	行业已有

续表

展区	展品序号	展品名称	创新类型
你我身边	23	电解电容器	行业已有
	24	冰箱	行业已有
	25	洗衣机	行业已有
	26	电磁炉	行业已有
	27	油烟机	行业已有
	28	电扇电机	行业已有
	29	微波炉	行业已有
	30	燃气热水器	行业已有
	31	电饭煲	行业已有
	32	蓄电池和干电池	行业已有
交通纵横	33	运动天地	集成创新
	34	道路的结构	原始创新
	35	桥梁和钢索	行业已有
	36	汽车整车	行业已有
	37	汽车发动机	行业已有
	38	汽车变速箱	行业已有
	39	汽车差速器	行业已有
	40	汽车防撞梁	行业已有
	41	汽车钥匙	行业已有
	42	轴承	原始创新
	43	轮胎	原始创新
	44	头盔	行业已有
兵戈铁马	45	枪支	集成创新
	46	炮弹	集成创新
	47	手雷和地雷	集成创新
	48	导弹	集成创新
	49	装甲	集成创新
	50	防弹衣	集成创新

续表

展区	展品序号	展品名称	创新类型
巧夺天工	51	魔幻钢琴	原始创新
	52	钻石的光辉	行业已有
	53	弦乐器	原始创新
	54	手风琴	原始创新
	55	管乐器	原始创新
巧夺天工	56	雕塑与篆刻	原始创新
	57	剪纸和折纸	原始创新
万千世界	58	墙面立体模型	原始创新
	59	切开建筑	原始创新
	60	城市地下	原始创新
	61	微观世界	集成创新
切之利器	62	锯子和野草	原始创新
	63	锯条的牙齿	原始创新
	64	刨子与刨花	原始创新
	65	金属加工机床	原始创新
	66	专业切割工具视频展示	集成创新

八、团队介绍

该展览展品由时任合肥市科技馆研发中心主任刘奕同志独立完成创作。

合肥市科技馆历来注重团队建设，展区更新改造工作常抓不懈，重视展品的自主研发，创意设计了大量创新型展品，锻造了一支有创新思想、有创新能力的研发队伍。在多年的展区更新改造实践中，合肥市科技馆展品研发团队提出了"以我为主"的工作思路，更注重由我们自己提出创意、标准和要求，再向展品制作厂家定制。研发团队在长期的展品更新的过程中，不断加大自主研发、开拓创新的工作力度，经过多年的摸索和锻炼，合肥市科技馆展品研发部的研发水平和能力进一步提高，已逐渐成长为一支思想创新、屡获佳绩的优秀团队。

九、创新与思考

该展览是一个以观看为主的展览，展品的视觉效果直接影响展览对观众的吸引力，对于后期的展品制作与布展要求较高。某些特殊展品可能无法使用真实物件加工制作，需要进行仿制。高精度仿制较有难度。

项目单位：合肥市科技馆

文稿撰写人：刘　奕

优秀奖获奖作品

4

地震科普体验展

——不息的力量：下一个超级大地震

图 2-42　展览"地震科普体验展"海报

一、背景意义

人类生存的历史，就是一段不懈与自然环境斗争的历史。地震是一种极其严重的自然灾害，具有极强的随机性、不可预测性和大范围波及性，严重威胁着人类社会的生存和经济社会的发展。我国位于世界两大地震带"环太平洋地震带"和"欧亚地震带"之间，受太平洋板块、印度板块和菲律宾海板块的挤压，地震断裂带十分发育，地震活动频度高、强度大、震源浅、分布广，是一个震灾极其严重的国家。

地震积累的巨大能量以地震波的形式向外传播，严重威胁人类社会的生存和可持续发展。20世纪我国因地震死亡的人数高达59万人，接近全球因地震死亡人数的一半。1976年的唐山地震给全国人民留下了巨大的伤痛，造成24.2万人死亡。2008年5月12日14时28分04秒发生在四川汶川的8.0级大地震，是1949年以来破坏性最强、波及范围最大的一次地震。

在地震频繁给人类带来灾害的同时，人们也逐渐从震害中吸取经验教训，由完全被动接受，逐渐发展成了"预防为主"的方针，防灾正是我们目前需要做的重中之重的工作。目前我国经济持续快速增长，城市化进程加快，地震对社会发展和公共安全构成的威胁更加严重，如何更好地适应我国经济社会发展的需求，与时俱进地做好新时期的防震减灾工作，是全面构建社会主义和谐社会的一个重要而紧迫的课题。

二、设计思路

（一）受众人群

展览面向各类人群，各有侧重。对于青少年，主要在于激发科学兴趣、增长地震知识；对于成年市民，使其感受科技魅力、增强防震意识；对于政府领导，便于其考察科普成果、了解发展需求；而对于专业人士，则可以交流先进技术、促进广泛合作。

（二）指导依据

防震减灾是一项科技型社会公益性事业，所面对的是一系列世界性的科学技术难题。依靠科技进步是防震减灾事业发展的根本原则和必由之路。展览以《国家地震科学技术发展纲要》为指导依据，通过展品展示和互动体验提高公众对地震的认知能力。

（三）主题思想

人类能否预测地震？面对大地，人类只是浩渺沧海中的一粟，大地一颤抖，带来的可能就是生与死。根据目前的科研水平，人类还暂时未能准确预测出下一个地震，因此，我们更要对地震灾害有所警觉，在科技预测的进步下，做好防御的准备，将地震带给我们的灾害减到最低。

展览以"不息的力量：下一个超级大地震"为主题，以地质系学生艾米的视角，在她历经发现地震线索、探寻地震历史、寻找地震规律、预测地震、触碰地震，最后成功逃脱地震的艰辛过程中，感受地震对于人类的危害性。

（四）教育目标

展览主要有三个方面的教育目标如下。

1. 吸引关注：吸引眼球，引起共鸣

运用趣味方式将科学信息拉入到公众可认知的叙事框架内，引起公共的关注。

2. 聚焦地震：热点聚焦，全民科普

将科普语言转换为有趣生动的展览语言，引起公众共鸣并将关注点聚焦于地震。

3. 认知体验：感受地震，危机防范

体验地震自救教育和演练，使参观者更好地接受和学习，在灾害发生时可将伤害减到最小。

三、设计原则

展览运用全新展览语言将人、空间与科技连接在一起，为人们带来多感官互动体验；同时运用科技手段展示科学原理，在整体探索的过程中打造以期体验至上、科普意识、现代科技、科学探索、寓教于乐、学习交流、感官之旅的多维度空间，呈现一场沉浸式多媒体盛宴。

在空间上，将地震主题内容与空间艺术元素相结合，相得益彰。对于参观路线，设计逻辑分明，故事线索清晰，亮点突出，空间合理，流线顺畅。同时，重视展览的情绪营造和引导，建立受众与展品的高度信息传达。围绕内容，在各篇章做有重点、有亮点地展示，突出展示的逻辑性，使展览亮点不断、体验突出。

四、展览框架

展览的故事线索如下：地质系学生艾米无意间发现了一个关于超级地震的线索，为了说服众人，她探寻历史，力图寻找地震的规律。她收到来自古代智者的智慧秘钥，运用智者的谋略开启科学研究的大门，试图预测地震来临的时间，然而此时地震突然来临，

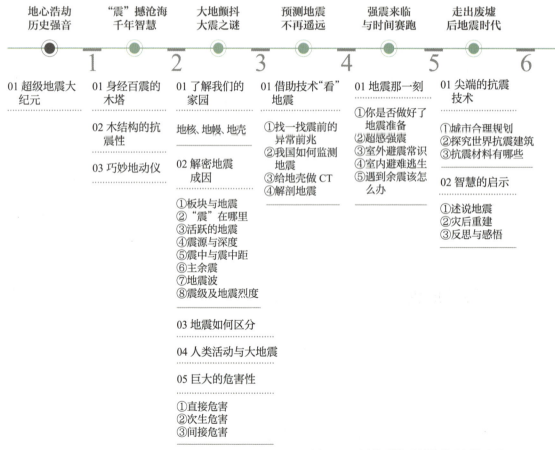

图 2-43 展览"地震科普体验展"框架

艾米带领众人一起成功逃脱地震灾难。最终，人们也终于开始直面地震的影响，积极应对这严峻的自然灾害。

对应故事线索，展览共分为6个展区，分别是"地心浩劫 历史强音""'震'撼沧海 千年智慧""大地颤抖 大震之谜""预测地震 不再遥远""强震来临 与时间赛跑""走出废墟 后地震时代"。

五、内容概述

展览面积约900平方米，展品约30件。

（一）展区划分

展览根据故事线索，共分为6个展区。

1. 主题展区1：地心浩劫 历史强音

故事线索：艾米决定在研究地震前翻阅史书，并走访地震遗迹，寻找在时间长河中被湮没和消失的超级大地震。

展区概述：整体空间以原木与瓦砾灰为基调，引光入室，打造一个可呼吸的序厅空间。序厅顶部悬挂木质圆柱，以原木与白色做相接，勾勒出世界地图，寓意在全球范围内的地震之殇。正前方为展览接待处，以白色艺术字形式展示馆名。

2. 主题展区2："震"撼沧海 千年智慧

故事线索：艾米经过山西应县木塔，看完应县木塔后深入探究文物，收获来自著名科学家张衡的智慧启示得到通关秘匙，地震探险旅程正式开启。

展区概述：通过参观展品"身经百震的木塔""木结构的抗震性"以及"巧妙的地动仪"感受古人应对地震的智慧。

3. 主题展区3：大地颤抖 大震之谜

故事线索：艾米运用科学的智慧，通过了解神秘的地球内部（了解我们的家园）以及地震发生的关键因素（板块与地震）寻找到地震带线索（"震"在哪里）以及其活跃的时间（活跃的地震），试图捕捉到地震来临的预兆，来填补人类对于地心秘密的探寻空白。

展区概述：通过展品组，从板块与地震、震源与深度、震中与震中距、主余震、地震波、震级及地震烈度等方面解密地震成因，带领观众了解我们的家园。

4. 主题展区4：预测地震 不再遥远

故事线索：在智慧之钥的引领下，借助科技的力量，艾米发现有一种技术可以像扫描人体一样扫描地壳，并且以此可以寻找地震规律及分析地震（给地壳做CT），破译的密码尽在眼前。

展区概述：进入预测地震展区，整体结构为圆环形，打造一个智慧科技空间，在此沉浸式空间中学习了解预测地震的前沿科技。

5. 主题展区5：强震来临 与时间赛跑

展区概述：通过多维度互动多媒体感受地震来临那一刻的惊心动魄，并学习如何在地震来临时科学防震抗震。

故事线索：为了证明破译的密码是否正确，艾米根据地震原理搭建一个（模拟地震台），验证原理的合理性及在此探究方法指引下地震对人类造成伤害的降低程度（室外避震常识、室内避难逃生、遇到余震该怎么办）。

6. 主题展区6：走出废墟 后地震时代

展区概述：跟随流动的线条，来到"走出废墟 后地震时代"，整体打造流线型空间，辅以原木材质与建筑曲线，打造令人舒缓的空间形态，通过互动媒体形式了解尖端抗震技术。

故事线索：艾米在研究地震的漫长过程中，总结出面对灾难人们更应该保持一份理性和冷静，然后利用科技手段进行预防，一定能把地震带来的伤害减到最低（尖端的抗震技术）。

跟随艾米一起完成了地震探险旅程，她的智慧之钥储存着地心能量，在激活地球能量之芯后，在中华大地上高楼平地而起，生活欣欣向荣（反思与感悟）。

（二）体验方式

参观者进入展厅后，每人能获得一枚由榫卯结构制成的"智慧之钥"，运用"智慧之钥"可开启关键互动展品，体验地震的探险旅程。智慧之钥中镶嵌着芯片，每开启一个互动展品，芯片中便会储存一次能量。最后，在展览结尾处的"能量之芯"中，贡献出每个人的能量值，寓意着科学抗震防震，人人有责。其中，重点展品分别有超级地震大纪元、身经百震的木塔、了解我们的家园、超感强震、室内避难逃生和智慧的启示等。在体验完所有项目后，"智慧之钥"会按照每个体验者的能量值，赠送相应礼品一份。

图 2-44　展品"身经百震的木塔"效果图

六、环境设计

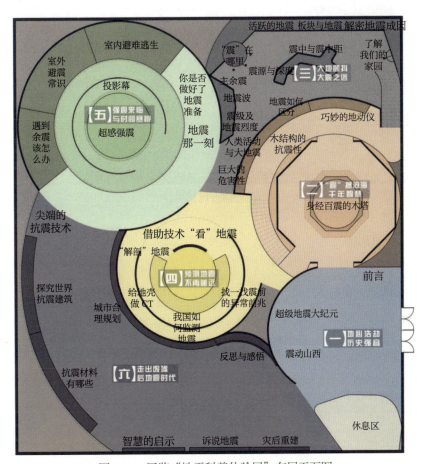

图 2-45　展览"地震科普体验展"布展平面图

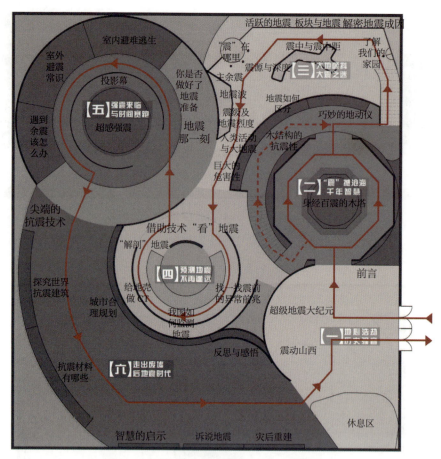

图 2-46 展览"地震科普体验展"人流动线图

七、展品构成

表 2-9 展览"地震科普体验展"展品构成表

展区	展品序号	展品名称
地心浩劫 历史强音	1	超级地震大纪元
"震"撼沧海 千年智慧	2	身经百震的木塔
	3	木结构的抗震性
	4	巧妙的地动仪

续表

展区	展品序号	展品名称	
大地颤抖 大震之谜	5	了解我们的家园	
	6	解密地震成因 （展品组）	板块与地震
	7		"震"在哪里
	8		活跃的地震
	9		震源与深度
	10		震中与震中距
	11		主余震
	12		地震波
	13		震级及地震烈度
	14	地震如何区分	
	15	人类活动与大地震	
	16	巨大的危害性	
预测地震 不再遥远	17	找一找震前的异常前兆	
	18	我国如何监测地震	
	19	给地壳做CT	
	20	"解剖"地震	
强震来临 与时间赛跑	21	你是否做好了地震准备	
	22	超感强震	
	23	室外避震常识	
	24	室内避难逃生	
	25	遇到余震怎么办	
走出废墟 后地震时代	26	尖端的抗震技术	城市合理规划
	27		探究世界抗震建筑
	28		抗震材料有哪些

续表

展区	展品序号	展品名称	
走出废墟 后地震时代	29	智慧的启示	述说地震
	30		灾后重建
	31		反思与感悟

八、团队介绍

项目团队成员来自山西科技馆，其中，孙燕生负责方案创意，魏晋军、吴翠玲负责方案设计，姜培民、段亚莉、杜怡惠参与方案策划。上海妙文会展服务有限公司负责方案策划并制作。

项目单位：山西科技馆

文稿撰写人：姜培民　吴翠玲　孙燕生　武小彦

"影火虫"光影旅行展

一、背景意义

在现代的城市中,人们已经很少能看到纯粹的自然身影。钢铁森林取代了绿色林野,星空被雾霾所掩盖,特别是孩子们,他们不曾见过春日原野漫布的花海,不曾捕捉过夏日夜间闪烁的萤火,不曾倾听过秋日林中啼鸣的虫语。

城市里的我们,也许真的无法再回到田园牧歌的自然时代,但是我们不应该丧失看见自然、触摸自然、聆听自然的能力,而这正是"影火虫"光影旅行展的展览初衷所在。在这里,我们可以暂时放缓匆忙的脚步,去触摸自然灵性的影子,欣赏光与流水碰撞的火花,倾听万物演奏的天籁乐曲。

二、设计思路

通过提炼自然界的各种元素,如花朵、动物、水流等,将其进行组合而成为充满创造力的展品,参与者能够透过带有这些用数字技术创造出的元素的大型互动展品来感知自然,超越科学地去感悟自身与自然之间的关系。

展览采用以光为主要媒介的技术手法,旨在突破传统意义上参观者与展品间存在的物理和观念界限,使人与展品相互作用、相互融合,带来集视觉、听觉、触觉于一体的全新感触。

三、设计原则

（一）科学性

整个展览共包含 19 件运用了体感互动、雷达检测技术、影像动作识别、虚拟现实技术等数字新媒体技术的大型互动体验展品，这些展品不是简单的组合，而是通过"人与自然"的主题脉络一一呈现，旨在引领参观者认识自然、思考与自然相处的哲学智慧。

（二）互动性

在"生态涂鸦"和"彩绘世界"中，信手涂鸦的作品将会变成炫酷的动画，在"积木城市"中能够建桥铺路构建自己理想中的城市，"远古的传说"将带领参与者探究象形文字的起源，"踏浪少年"让人回忆起童年跳房子的欢乐时光……每一个展品都能与参与者产生实时互动，令其感受到自身与展品之间是紧密相连的。

（三）趣味性

无论是天真烂漫的孩童还是童心未泯的家长，都可以在展览中亲自动手发挥创意，体验不一样的缤纷世界。每个来到这里的参观者都可以用自己的双手去创造一个独一无二的想象空间，在玩乐的同时考验空间想象能力，学习全局统筹能力，锻炼各项身体功能。

（四）艺术性

从空间布展，到展示画面，再到展品风格的设计，都融入了花草动物等自然界中的元素。采用数字化的技术，将原本固定在画布上的艺术作品搬进了立体的空间中，打破了艺术作品的固定界限，创造出光影交织、美轮美奂的沉浸式作品。同时，参与者能够走进这些艺术作品中，成为其中的一部分。

四、展览框架

展览分为"影子·悦动""火花·绽放"和"虫声·轻语"三个主题展区，共展示了 19 件大型互动作品，将科技与艺术完美融合。

展览通过"序曲"部分令参观者一进入展览空间就能达到全身心的融入，得到沉浸式的审美享受；"影子·悦动"展区的展品主要为光与影结合的互动形式，并配以不同的音效，体现出"悦动"的效果；"火花·绽放"展区的展品利用大量花朵、烟火绽放的形式表现，给人以强烈的视觉冲击；"虫声·轻语"展区中所展示的展品采用了大量昆虫、鸟兽等元素，令参与者有进入到大自然般的体验；最后进入"尾声"部分，在流光溢彩的灯光效果中结束体验。

五、环境设计

"'影火虫'光影旅行展"展览面积共计1000平方米，展品数量19件，通过巧妙的空间设计及镜面的使用，造成无限空间的错觉。展品皆为多媒体展示，不直接陈列实物，整个展示空间的布展以简洁的框架结构为主，每个展区、每个展品的边界没有明显的界线，利用少数半隔断及门帘进行隔挡，所有展示内容紧密相连又互相独立，形成一个有机的整体。在黑暗的空间内通过投影技术来呈现展品想要传递的内容，形成了沉浸式的观展体验。

图2-47 展览"'影火虫'光影旅行展"平面图

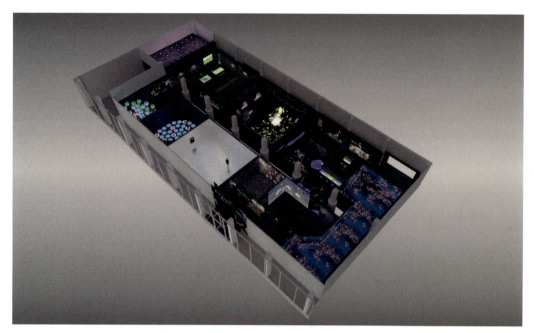

图 2-48 展览"'影火虫'光影旅行展"鸟瞰图

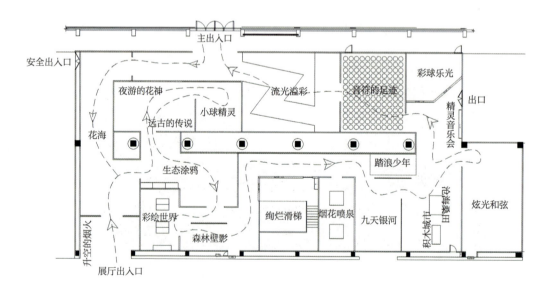

图 2-49 展览"'影火虫'光影旅行展"人流动线图

六、内容概述

"序曲"展区包括"花海"和"升空的烟火"两项展品。当踏入该展区,迎接参观者的是春江潮水般的花海和夜空中绽放的烟火,通过观察每朵花经历生长、结果、衰老、死亡的过程学习花朵的生长发育这一极为复杂的生命现象,欣赏烟火绽放后绚丽夺目的图案。

图 2-50　展区"序曲"效果图

"影子·悦动"展区包括"炫光和弦""精灵音乐会""彩球乐光"和"音符的足迹"四件展品。虽然我们看不到声音,也摸不到它,但我们却生活在一个充满声音的世界里。在本展区,光影和声音水乳交融,通过不同的互动方式带领参观者去聆听、去感受自然界不曾被我们注意却格外奇妙动听的声音。

图 2-51　展区"影子·悦动"效果图

"火花·绽放"展区共由 6 件互动多媒体展品组成："绚烂滑梯""烟花喷泉""九天银河""踏浪少年""积木城市"和"沧海桑田"。参与者可以在滑梯上感受绚烂的滑行体验,伸手触发绚烂的烟花喷泉,在瀑布的洗礼中感受水的刚柔,踏过魔法"跳房子"的童年时光,做一回规划师为未来规划道路,在沙池里感受时间在地球上刻下的痕迹。

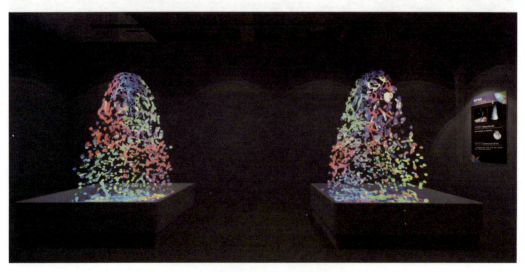

图 2-52　展区"火花·绽放"效果图

"虫声·轻语"展区共包含"生态涂鸦""彩绘世界""夜游的花神""远古的传说""小球精灵"和"森林壁影"6件展品,共同构筑了一个魔法与自然共创的生态空间。参与者能够在这里发挥他们的想象力和创作力,妙笔生花,创造出一个充满趣味的自然世界。

图 2-53 展区"虫声·轻语"效果图

"尾声"展区包含最后一个展品"流光溢彩"。每一首歌都搭配着不一样的美景,在蜿蜒曲行中感受星阵变幻,置身于四周变幻无穷的艺术灯光中,变幻莫测的光束给参观者带来时空挪移的感觉。

图 2-54 展品"流光溢彩"实拍图

七、展品构成

表 2-10 展览"'影烛'光影旅行展"展品构成表

展区	序号	展品名称	创新类型
序曲	1	花海	原始创新
	2	升空的烟火	原始创新
影子·悦动	3	精灵音乐会	原始创新
	4	炫光和弦	集成创新
	5	音符的足迹	行业已有
	6	彩球乐光	集成创新
火花·绽放	7	绚烂滑梯	原始创新
	8	烟花喷泉	原始创新
	9	九天银河	原始创新

续表

展区	序号	展品名称	创新类型
火花·绽放	10	踏浪少年	原始创新
	11	积木城市	原始创新
	12	沧海桑田	行业已有
虫声·轻语	13	生态涂鸦	原始创新
	14	彩绘世界	原始创新
	15	夜游的花神	原始创新
	16	远古的传说	原始创新
	17	小球精灵	原始创新
	18	森林壁影	原始创新
尾声	19	流光溢彩	行业已有

八、团队介绍

项目团队成员来自厦门科技馆外联部团队，团队拥有一批具备 10 年以上展览策划和市场操盘经验的成员，始终坚持"让科学更好玩"的展览创作宗旨，擅长多学科整合和收获性体验策划，具备敏锐的市场嗅觉，曾开发多款兼顾公益性和商业性、科普性和体验性的主题展览。

厦门科技馆外联部团队先后策划和开展"鱼乐圈""影火虫""虫现江湖""森林物语""猛犸时代"等多个广受公众和行业好评的短期展览。团队积极探索展览的馆外化、商业化、商场化，所开发的展览曾在江西科技馆、合肥科技馆、宁夏科技馆等近 30 个科普场馆展出。目前，厦门科技馆团队已有多个展览项目与万象城、SM 国际广场等国内知名商业地产展开合作和实施，均获得了不错的社会效益和经济效益。

项目单位：厦门科技馆管理有限公司
文稿撰写人：蔡月松　李飞翔　郑　其

虚拟人体巡展

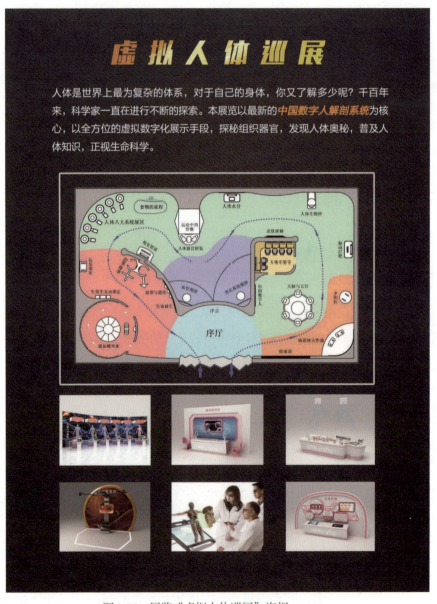

图 2-55　展览"虚拟人体巡展"海报

一、背景意义

对于我们自己的身体,我们究竟了解多少呢?人对生命的研究离不开对自身——"人体"的剖析,千百年来,科学家一直在孜孜不倦地探索和研究。

人体是世界上最为复杂的体系,各系统、组织、器官等分布于我们全身上下,它不但继承和保留了动物进化中所有的进化、发展的信息和功能,而且大自然将其逐步进化为高度复杂和高度精确且具有高级智慧的高级生命。

当前,科技馆传统的"生命人体展",通常以标本、模型展示为主,而本展览主要利用虚拟人体解剖技术,运用体感交互、VR/AR等虚拟高科技展示手段,采用互动的展示方式,全方位地探秘人体结构,揭秘生命起源与人类诞生,探究人的孕育与生命周期,体验人体各系统及组织、器官的精巧与复杂。

展览旨在让观众了解生命的历程、生命与环境、整体与部分、微观与宏观之间的辩证关系,从而认识和阐明生命的本质,达到使观众"了解自我、珍爱生命"的目的。

二、设计思路

以人一生(受精—胚胎—出生—少年—成年—老年)的成长发育及与外界的关系为主线,分别介绍大脑、四肢、皮肤等人体各重要器官及神经系统、消化系统等的功能、作用、与外接的联系和反应,以及不同时期的变化。

让小朋友了解自己从哪里来的,让成年人与老年人关注自己的身体,拓展生命的宽度。在这里,可以亲自体验平时想象不到的解剖实验,探秘人体结构,发现人体奥秘,普及人体知识,正视生命科学。通过展览,使观众了解人体各组织、器官的功能和作用等,从而使人们理性对待生命过程,珍惜今生,健康生活。

三、设计原则

提供经过科学论证的、准确的人体生命科学科普知识,综合运用全新的展示技术和展示手段,激发公众的兴趣,体验科学的乐趣。通过亲身体验,加深对人体生命科学相关知识和内容的理解和掌握。

四、展览框架

展览总共分三个部分：

第一部分——生命乐章。讲述了地球上生命的诞生，探索了人类的性别、血型及成长的奥秘。

第二部分——人体密码。人是地球上智慧最高的生物，人对生命的研究离不开对自身的剖析。本主题展区从人体结构与功能两个方面引导观众认识和了解自己，全方位展示人体的奥秘。

第三部分——感悟生命。生命的奥秘无穷无尽，在漫长的人类发展过程中也仅仅是窥其一二。生命是短暂的，是神奇的，是顽强的，是我们需要研究探索的一个永恒课题。

五、内容概述

展览面积 800 平方米，分 3 个展区，展品 24 件。

1. 主题展区 1：生命乐章

本展区有 7 件展品，讲述了地球上生命的诞生，探索了我们从哪里来、性别由谁定、血型与遗传的关系，以及我们的成长。

图 2-56 展品"生命诞生"效果图

2. 主题展区 2：人体密码

本展区含 14 件展品，介绍了人体八大系统以及血管、皮肤、骨骼、大脑等器官的结构和作用，揭示了人体生物钟、人体水分以及食物在人体消化的过程等奥秘，并且设置了人体器官拼装、眼动打靶等娱乐项目，让观众更好地认识和了解自己，全方位展示人体的奥秘。

3. 主题展区 3：感悟生命

本展区含 3 件展品，包括"病原体大作战""夕阳红"及结束语，使人们在面对疾病和衰老时能正确对待、珍惜生命。

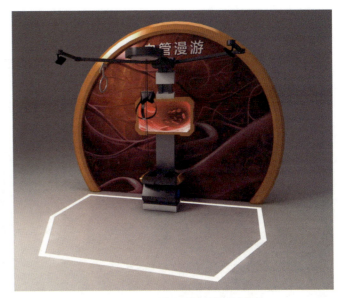

图 2-57 展品"血管漫游"效果图

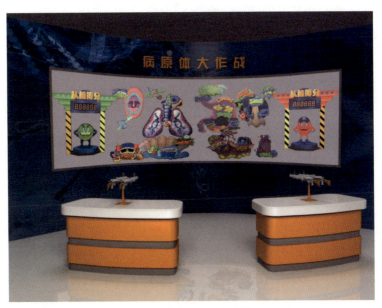

图 2-58 展品"病原体大作战"效果图

六、环境设计

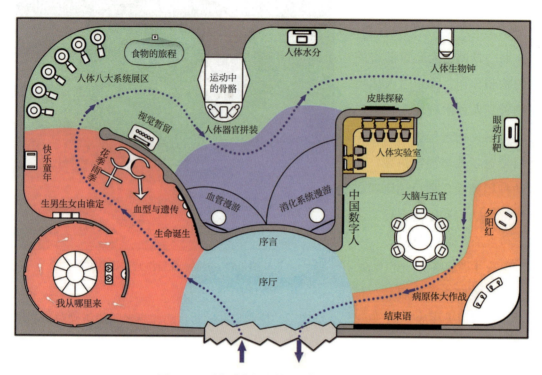

图 2-59 展览"虚拟人体巡展"布展平面图

七、展品构成

表 2-11 展览"虚拟人体巡展"展品构成表

展区	展品序号	展品名称
生命乐章	1	序言
	2	生命诞生
	3	我们从哪里来
	4	生男生女由谁定
	5	血型与遗传
	6	快乐童年

续表

展区	展品序号	展品名称
生命乐章	7	花季雨季
人体密码	8	人体八大系统
	9	食物的旅程
	10	血管漫游
	11	消化系统漫游
	12	运动中的骨骼
	13	视觉暂留
	14	中国数字人
	15	眼动打靶
	16	人体水分
	17	皮肤探秘
	18	人体器官拼装
	19	大脑与五官
	20	人体生物钟
	21	人体实验室
感悟生命	22	病原体大作战
	23	夕阳红
	24	结束语

八、团队介绍

项目团队成员来自山西科技馆，其中，孙燕生负责方案创意，魏晋军负责方案设计，吴翠玲负责技术设计。山东数字人科技股份有限公司负责方案策划并制作。

项目单位：山西科技馆

文稿撰写人：孙燕生　宋付宝　吴翠玲　魏晋军　武小彦

哆来咪梭拉

一、背景意义

科学素质决定公民的思维方式和行为方式，是实现美好生活的前提，是实施创新驱动发展战略的基础，是国家综合国力的体现。进一步加强公民科学素质建设，不断提升人力资源质量，对于增强自主创新能力，推动大众创业、万众创新，引领经济社会发展新常态，注入发展新动能，助力创新型国家建设和全面建成小康社会具有重要战略意义。

为落实《全民科学素质行动计划纲要》精神，促进我国科技馆展览创新研发能力提升，为新时期我国科技馆事业的发展提供强有力的支撑和保障，丰富科普展览资源，打造受观众欢迎的科普精品，满足社会公众学习科普知识日益增长的多样化需求，决定参加全国科技馆展览展品大赛，特制定《哆来咪梭拉》方案。

音乐，是上天赐予人类最美好的礼物；音乐，也创造了中华上下五千年悠久的文明。我们不仅能用双手制造出乐器，同时也能够让乐器发出动听的声音，并奏出优美的旋律来。

在距今 7800~9000 年的新石器时代，人类就发明了乐器——贾湖骨笛。贾湖骨笛不仅是中国年代最早的乐器实物，更被专家认定为世界上最早的可吹奏乐器。在贾湖骨笛现世之前，大多数人以为，我们先秦之前只有五声的调式，也就是"哆来咪梭拉"，而这只七孔的骨笛则改写了这个历史，它可以吹出标准的七声音节，也就是"哆来咪发梭拉西"，令世人啧啧称奇。贾湖骨笛的出现创造了音乐语言，使得人们可以用音乐进行沟通，民族之间也可以用音乐进行融合。音乐既是民族团结的桥梁，同时也是中华文明几千年发展的纽带。跟随音乐，跟随展览，仿佛可以穿越时间、空间，进入一个美妙的世界，寻找声音，寻找旋律。

图 2-60 展览"哆来咪梭拉"海报

二、设计思路

展览以乐器知识为基础,融入了传统乐器的特点,结合音乐声学这一物理科学,利用创意展览展示方式,为观众提供了参与科学实践的场所,探索声音在震动中的奥秘。展览展示了一些平时不常见到的乐器,展现了音乐的广泛性和多元化,充分体现了声乐的科学性,又具有互动性和趣味性,以全新的方式把音乐和音乐知识传授给观众特别是青少年。公众通过与科普展品互动,达到激发科学兴趣、启迪科学观念、传播科学思想和科学方法的目的,从而推动音乐教育的健康发展。

（一）受众人群

展览主要面向三类人群：一是关注乐器声学的专业人群；二是科技馆普通观众；三是青少年音乐声学爱好者。

（二）指导依据

为助力全面建成小康社会，带动全民科学素质水平整体提高、丰富科普资源，团队以被联合国誉为"音乐之都"的哈尔滨城市音乐文化和底蕴为基础，以哈尔滨音乐学院众多专业导师对音乐的理解和知识储备为展览理论指导，以哈尔滨音乐博物馆丰富的乐理内容及音乐历史为展览开发依据，设计创作"哆来咪梭拉"音乐展览方案。

（三）主题思想

展览通过展示不同乐器以及一些乐器工作原理来诠释声音在有规律、有节奏的震动中带来的美妙感。

（四）教育目标

音乐声学是研究乐音和乐律的物理问题的科学。展览旨在展示不同乐器之余，揭秘乐器是怎样通过有规律的震动来传播声音的。

三、设计原则

展览定位为专题展览，主要特点在于专题性和临时性，并突出知识性、趣味性。因此在设计、制作过程中，展品内容、形式、体量、结构等都以专题性和临时性为总原则。

四、展览框架

第一主题展区：传统乐器。

第二主题展区：电声乐器。

主题教育体验活动：采音编辑乐曲、编辑手机铃声、特雷门琴制作和演奏体验。

图 2-61　展览"哆来咪梭拉"框架

五、内容概述

展览面积：500～800 平方米。

展品数量：29 件套和 3 个教育活动。

布展风格：通用标准化风格。展台选用规范化的轻质铝合金展架和抗倍特板展板，具有布展便利、拆装快捷、储运简洁等优点。

布展要素：安全、简洁明快。

六、环境设计

见下布展分区图和效果图。

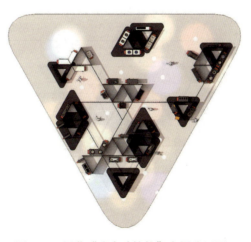

图 2-62　展览"哆来咪梭拉"布展分区图

图 2-63　展览"哆来咪梭拉"布展效果图

七、展品构成

表 2-12　展览"哆来咪梭拉"展品构成表

展区	展品序号	展品名称
传统乐器	1	手摇风琴
	2	钹
	3	巫毒鼓
	4	锯琴
	5	箱鼓
	6	音管
	7	颤音管
	8	搓衣板乐器
	9	音树、风铃、三角铁

续表

展区	展品序号	展品名称
传统乐器	10	拇指琴
	11	舒如提盒子
	12	颤音棒
	13	手碟、钢鼓、舌鼓、太阳鼓
	14	水琴
	15	雨声筒
	16	颤音
	17	手持响板
	18	嘎响器
	19	音砖
	20	手钟
	21	五音俱全
电声乐器	22	特雷门琴
	23	变声盒子
	24	水晶球
	25	指尖上的音乐
	26	打击板
	27	瞎玩
	28	智能采音
	29	无声音乐
主题教育体验活动	30	采音编辑乐曲
	31	编辑手机铃声
	32	特雷门琴体验

八、团队介绍

姚盛年：哈尔滨师范大学美术教育系毕业，2003 年到黑龙江省科学技术馆展品研发部工作至今，从事科普行业近 20 年。

窦煦东：哈尔滨师范大学环境艺术设计系毕业，工艺美术师，2006 年到黑龙江省科学技术馆展品研发部工作至今，从事科普行业十多年。

九、创新与思考

音乐是全人类共通的语言，通过音乐可以传递信息、表达情感、释放情绪。我们可以哼唱一首歌曲，也可以用乐器演奏一段旋律，如果细心观察，还可以在大自然中发现许多动听的音符。

展览以声音科学为起点，介绍频率、音色和响度；进而以乐器为载体，诠释音乐的节奏、旋律；然后回到生活与自然当中，展示声音科学与音乐艺术之间密不可分的关系。

希望通过本展览让更多观众认识声音的本质，了解乐器的原理，从而体会音乐的优美，发现音乐的乐趣，促使观众对科学产生更强烈的认识。

参考文献

[1] 武际可. 音乐中的科学 [M]. 北京：高等教育出版社，2012.

[2] 龚镇雄，李海霞. 物理学与音乐 [M]. 南宁：广西教育出版社，1999.

[3] 朱起东. 音乐声学基础 [M]. 上海：上海音乐出版社，1988.

[4] 周一鸣，许慧敏. 乐器发声基本原理 [M]. 武汉：武汉大学出版社，2000.

[5][英] 阿德里安·乔治. 策展人手册 [M].ESTRAN 艺术理论翻译小组，译. 北京：北京美术摄影出版社，2017.

[6][美] 雷蒙德·布鲁曼,美国探索馆. 美国探索馆展品集（一）探索馆展品技术手册（修订版）[M]. 中国科学技术馆，译. 北京：科学普及出版社，2017.

[7][法] 阿兰·舒尔，[法] 爱兰娜·莫莱尔. 声光科学实验室：色彩与音乐的物理小实验 [M]. 李润，译. 北京：化学工业出版社，2014.

[8] 中国国家博物馆. 博物馆教育体验项目案例分析 [M]. 合肥：安徽人民出版社，2012.

[9] 周婧景. 博物馆儿童教育：儿童展览与教育项目的双重视角 [M]. 杭州：浙江大学出版社，2018.

[10] 陈如平，李佩宁. 美国 STEM 课例设计 [M]. 北京：教育科学出版社，2018.

[11] [美]826全美. 基于课程标准的 STEM 教学设计 [M]. 北京：中国青年出版社，2018.

[12] 中国博物馆协会社会教育专业委员会. 中国博物馆青少年教育工作指南 [M]. 北京：文物出版社，2018.

[13] 杜磊，田敬英. 音乐便利贴：音乐之语 [M]. 福州：福建科学出版社，2011.

[14] [德]Jurgen Meyer. 音乐声学与音乐演出 [M]. 陈小平，译. 北京：人民邮电出版社，2012.

[15] 李小诺. 音乐的认知与心理 [M]. 南宁：广西师范大学出版社，2017.

[16] [德] 费兰克·P. 巴尔. 音乐和乐器 [M]. 李立娅，译. 武汉：湖北教育出版社，2009.

项目单位：黑龙江省科学技术馆

文稿撰写人：窦煦东　姚盛年

第三章

展品类获奖作品

一等奖获奖作品

全息摄影

一、展品描述

近年，市面上盛行用所谓的"全息投影"技术来呈现美好的视觉效果，如2016年G20峰会室外水上晚会，展会、科普场馆中虚拟成像展品（如图3-1）等。但究其根本所运用的技术并不是真正的全息技术，"全息"画面也只是投射在一块透明的投影膜上面，呈现的一个平面而非立体的图像。这种技术属于幻影成像技术，并非全息技术。

"全息摄影"展品将真正的光学全息技术从特定环境的实验室搬入科普场馆，观众可亲自动手操作实现全息拍摄模型选择、全息曝光、显像及全息照片再现全过程，最终制作出一张简单的全息照片，并带回家。通过这样一个给观众以深刻印象的亲自参与过

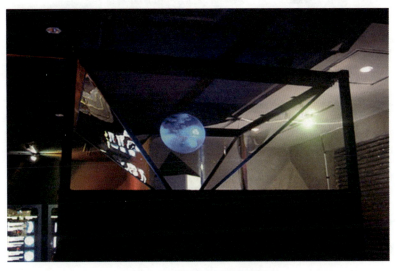

图3-1 展品"虚拟成像"

程和获得成功的结果，消除观众对全息技术的误解，使观众获得丰富的全息摄影知识，学习新知识的兴趣得以进一步激发。观众还可以通过动画进一步了解全息摄影的原理、全息照片的形成及全息技术的应用等。

二、展示方式

展品操作区域分为红光室与白光室，分别用于全息照片的拍摄与显影。观众可点击操作台上的按钮选择拍摄模型并完成全息摄影的一系列流程，同时观察红光室中机械臂对全息底片、模型的精确抓取与运送，以及全息底片曝光过程中奇妙的荧光现象，还可以观察到白光室中全息底片的紫外照射与加热过程，尤其是加热过程中全息影像从无到有、由暗到亮的神奇过程。全息照片拍摄完成后从输出口自动滑出，观众可拿到自己制作的全息照片，并在白光照射下观察全息影像再现过程。

图 3-2　展品"全息摄影"效果图

（一）结构与组成

展品主要由多媒体区、拍摄区、显影区和展示区四部分组成。

（1）多媒体区位于展品右侧，设置 65 寸显示器，循环播放全息技术原理及全息照片制作的动画，普及全息知识的同时具有招揽观众的作用。

（2）拍摄区主要用于全息照片的拍摄，由于全息拍摄对避光性有着严格的要求，故内设红光且观察窗口设置红色亚克力进行隔离；又由于全息曝光过程对环境震动性也有着极高要求，故采用大型钢结构方式作为展品的主体框架，且钣金外罩与内置的钢结构分离，保证全息曝光过程的稳定。

拍摄区内设置了光学元件平台、机械臂、底片盒、拍摄模型及底片传送机构。光学元件平台上是预先调试好的光路，机械臂实现底片与模型的夹取，底片盒装载未使用的全息底片防止其曝光，拍摄模型提供三种不同模型供观众选择拍摄，底片传送机构负责将拍好的全息底片运送至显影区。

（3）显影区为明室环境，设置紫外照射平台、加热固化平台、定向照明、十字滑台及底片传送机构。紫外照射平台内设紫外光源，对全息照片进行紫外照射定影；加热固化平台设置加热板，对全息照片进行加热影像增强；定向照明照射在加热板上，观众可以更清楚地看到全息照片上的影像从无到有、由暗到亮的过程；十字滑台末端为夹爪机构，夹取全息照片至紫外照射平台与加热固化平台；底片传送机构负责将拍摄完成的全息照片运送至展示区。

（4）展示区设置有图文版与全息照片输出口。全息照片经过 20 秒冷却降温后自动被推出。图文版介绍该展品中全息照片的整体拍摄流程，在观众等待全息照片冷却输出的过程中，再次回顾全息照片的制作过程。

（二）操作与体验

1. 模型选择

通过按钮对三种不同的拍摄模型进行选择。选定后，机械臂启动，打开底片盒盖，夹取全息底片至曝光位，并将选定的模型夹起放至全息底片下的凹槽里。同时，操作台上已完成流程指示灯常亮，正在进行中的流程指示灯闪亮。

2. 全息曝光

模型放好之后，"启动拍摄"按钮闪亮，提示观众可以开始拍摄了。按下按钮后，程序自动启动静台、曝光过程。所有光学元件都固定在防震平台上。曝光过程由程序控制快门打开及关闭完成。曝光光路已预先调整好，曝光参数也已预先设定完成。静台时间大约 30 秒，曝光时间大约 10 秒。观众可以通过透明玻璃罩看到全部过程。曝光完成后，按下"模型归位"按钮，机械臂将模型归位，再将全息底片放置在电动滑台的底片槽内，全息底片经电动滑台传送，经过隔板的自动开闭安全门，进入显影区。

3. 紫外照射

按下"紫外灯显影"按钮，十字滑台上的夹爪将全息底片放至紫外照射区，紫外线照射需要 60 秒左右。紫外光源设置在玻璃柱内，由新型紫外 LED 光源提供，此过程不产生臭氧及强光。观众可以通过透明玻璃罩看到紫外线定影过程。

4. 加热固化

按下"加热影像增强"按钮，十字滑台上的夹爪将全息底片放置到加热区。加热区为一块加热板，全息底片贴在加热板上面加热约 60 秒。观众可以看到加热过程中全息影像由暗变亮的神奇成像过程。

5. 成品输出

全息底片完成显像后，全息照片就做好了。全息照片由滑轨被传送到展示区，由风机对其进行降温，LED 屏显示降温倒计时。降温结束，全息照片自动滑入下面的输出口，观众可以获得全息照片成品，并在白光下看到全息影像再现过程。

三、科学原理

全息照相技术是一种利用波的干涉原理记录被摄物体反射（或透射）光波中的振幅和相位信息的照相技术；具体的，通过一束参考光和被照物体上反射的光叠加在感光材料上产生干涉条纹而成。通过全息照相获得的全息图并不直接显示被照物体的图像，观察时需要用一束与参考光相同的再现光以照射全息图，便可以通过记录好的全息图观察到与被照物完全相同的像。

通常全息照相时需要在刚性和隔振性能良好的工作台上调整参考光和物光的光路以及显影过程需要的避光条件，使得全息照相仅能在特定环境的实验室中进行，并且要求操作人员具有良好的光学技术基础；另一方面，常用的银盐记录材料需要进行化学显影，不仅工艺操作性差，而且会产生大量的废弃物和污染物。

本展品中的全息照相方法，采用简化的单光束光路并使用光致聚合物材料记录全息图，降低了全息记录对环境振动的要求；使用光致聚合物材料只需要进行简单的紫外线

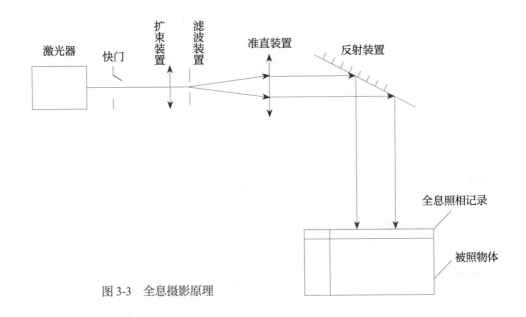

图 3-3 全息摄影原理

照射和加热过程就可以显像，无废弃物和污染物排放。

相干光束照射至光致聚合物材料上形成参考光，透过光致聚合物材料后照射被照物体，并在被照物体表面反射后到达光致聚合物材料形成物光束，这样就在光致聚合物材料中形成干涉并被记录下来。然后利用紫外线照射约 1 分钟进行定影，将定影后的光致聚合物利用加热器进行加热约 1 分钟，以实现影像增强，完成显像过程。由于所使用全息照相记录媒体为光致聚合物材料，因此，通过对记录干涉条纹的全息照相记录媒体利用紫外线进行定影和加热装置进行加热，便能实现全息影像的显像过程，即完全物理显影，全过程无废弃物和污染物排放。

四、应用拓展

目前，全息技术在生活中的应用较少，未来全息在很多领域都会有广泛的应用，例如全息瞄准镜、飞机抬头显示器、全息立体沙盘、军用地图、全息光学元件和增强现实等。

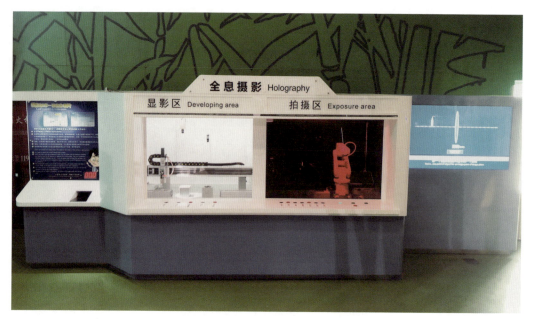

图 3-4　展品"全息摄影"实物图

五、创新与思考

"全息摄影"展品的创新属于展示内容与展示形式上双重创新。展示内容突破了传统全息技术对环境及操作人员严苛的要求,首次将只能在实验室里由专业技术人员操作实现的全息技术搬入科普场馆,且由普通观众操作拍摄一张全息图;展示形式突破了以往科普场馆对全息技术单一的静态照片展示,将全息摄影技术实现的全过程以互动形式展示给观众。在全息摄影创新展品研发过程中,将其创新研发规律总结如下:

(1)科学技术创新是展示内容创新的前提条件。通常全息照相对环境清洁度、防震平台、避光及操作人员都有极高的要求,且显影过程中会产生大量的废弃物和污染物。光致聚合物材料在全息技术上的应用,使曝光光路得以简化,降低了全息记录对环境振动的要求;且该材料只需要进行简单的紫外线照射和加热过程就可以显像,无废弃物和污染物排放。全息感光材料的创新使全息摄影在科普场馆这种复杂环境下实现具备了可行性。

(2)在创新展品研发过程中,原型试验与专家指导都是必不可少的。全息摄影展品的初期设计时,我们率先考虑了曝光平台的防震性,通过增大底盘重量、与传送机构分离设计、采用防震垫等一系列措施来达到全息拍摄所需要的防震精度。尽管考虑尽可能周全，但在原型试验中，还是出现了问题，底片与被拍摄物体之间的相对振动被忽略了，最终在专家的指导下，对初期的方案做了有效的修改。

（3）深入挖掘现有的技术手段，实现展示形式上的创新。全息摄影展品的展示形式突破了简单机电技术及装置的传统形式，引入目前广受关注的机器人技术，通过机器人完成底片及拍摄模型的抓取、定位等任务，这样不但满足了展品精准定位、工作安全稳定、易于维护的技术要求，更进一步拓展了对高新技术的展示，使观众更加直观、深刻地体会到机器人精准、快速、稳定的特性。展品将展示内容、展示形式上的高新技术巧妙地融为一体，为观众提供近距离亲手操作高新技术的机会，使观众不仅看到科技前沿，更可亲身体验科技前沿。

六、团队介绍

孙婉莹：展品负责人，自主完成展品策划，包括展品方案设计、技术设计路线、多媒体设计等。

任　芸：提供展品创意。

魏　蕾：展品形式设计，图文版设计。

王　剑：展品形式设计。

项目单位：中国科学技术馆

文稿撰写人：孙婉莹

锥体上滚

一、展品描述

锥体自由滚动的方向取决于重心位置的高低。看似违背自然规律的现象，其背后肯定蕴藏着能够被解释的科学原理，需要我们有去伪存真的科学精神，去探索和研究。

这是一件特殊的锥体上滚展品，它是两个锥体上滚轨道的组合，其中左侧轨道的夹角固定不变，右侧轨道的夹角可通过展台上的转轮调整。通过自己动手操作的方式，让观众观察到同一个锥体在变化的轨道上向上运动和向下运动的不同现象，向其揭示锥体运动的本质以及不同现象反映相同本质的科学思想。

相对于传统的锥体上滚，这是一件在设计时加入可控变量的探究式展品，可以帮助观众举一反三，进行探究式学习。

二、展示方式

（a）顶视图

（b）正视图

（c）侧视图

（d）透视图

图 3-5　展品"锥体上滚"效果图

（一）结构与组成

1. 结构组成

展品由左侧固定轨道、右侧可调节轨道、转轮和锥体组成，转轮可以调节右半侧轨道的宽度。

2. 结构图

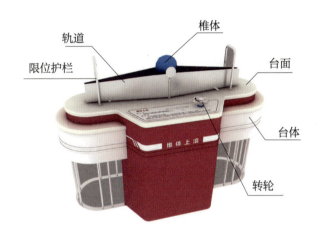

图 3-6 展品"锥体上滚"结构图

（二）操作与体验

把锥体放到轨道的左侧，松手后锥体自动向上滚。当锥体到达两条导轨交接处的最高点后继续滚向右侧。这时，转动展台右侧的转轮，调整右侧轨道的开合度，当开口变窄，轨道间的夹角变大时锥体上升，与之相反，开口变宽，夹角变小时锥体下降，当右侧导轨的夹角调整的和左侧导轨一样时，锥体经过多次往返，最终会停在轨道中部的最高端。

三、科学原理

当观众将锥体放在左侧的固定轨道上时，锥体总是从轨道的低处往高处滚动。滚动到最高处时，转动转轮，右侧的轨道宽度开始变大，锥体从高处开始往低处滚动。继续转动转轮，轨道宽度变小，锥体从低处又滚到了轨道最高点。这样的现象首先会让观众思考"是不是轨道的宽度变化改变了锥体滚动的方向？为什么？"，带着这样的问题去探究现象背后的本质。

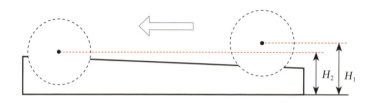

图 3-7　展品"锥体上滚"原理

四、应用拓展

与传统的"锥体上滚"展品相比，增加了一条可以调节宽度的轨道。在改变轨道宽度时，让观众观察到轨道宽度的改变会引起锥体重心高度的改变，从而更加理解锥体滚动方向取决于重心的高低。这种设计更有利于观众进行探究与认知，有利于配套教育活动的设计与开发。

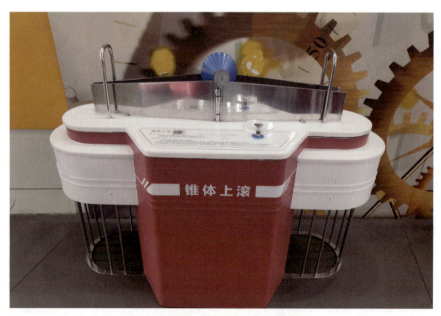

图 3-8　展品"锥体上滚"实物图 1

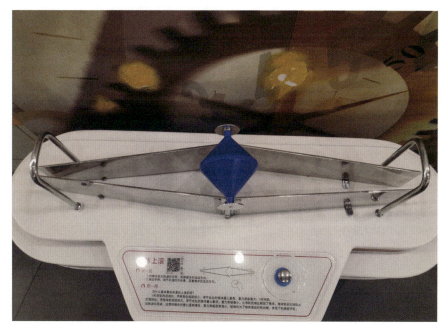

图 3-9　展品"锥体上滚"实物图 2

五、创新与思考

传统的锥体上滚是一件经典展品。我们常见的锥体上滚展品大多是这样的：展台上有一对轨道，轨道一端高，一端低，并且高的一端开口大，低的一端开口窄，我们将一个双锥体放在轨道上，就能观察到双锥体从轨道低端向高端滚动的现象。虽然看起来这个双锥体是在爬坡，但它的重心实际上是在不断下移的。

而这是一件特殊的锥体上滚展品，是国内首创的越过山丘版锥体上滚。它由左侧固定轨道、右侧可调节轨道、转轮和双锥体组成，它的轨道是个双 V 字形结构，其中左侧轨道的夹角固定不变，右侧轨道的夹角可通过展台上的转轮调整。如果右侧轨道的开口最宽，那么我们能看到双锥体并没有停留在中间的轨道最高处，而是一直向右端轨道较低处继续滚动，看起来好像翻越山丘一样。这时，转动转轮，把右侧轨道的开口调到最窄，锥体经过多次往返，最终会停在中间轨道最高的位置。

为什么要把它设计成这样呢？因为合肥市科技馆的展厅里原本也有一件传统的锥体上滚。但是，我们在展厅里注意到，有些观众操作完展品之后虽然观察到了双锥体好像是在"爬坡"的现象，但其实并没有琢磨明白这个现象背后蕴含的科学原理，甚至都没有发现轨道夹角与双锥体运动方向之间的联系，仅仅只是发出"咦，真神奇！"的感叹，这件展品科普教育的目的实际上并没有完全达到。为了改变这种观众只知其然而不知其所以然的状态，我们就着手研发了这件全新的"锥体上滚"展品。

为了引导观众进行探究式学习，在这件展品的设计中，我们引入了一个可控变量——双轨道之间的夹角大小。

在锥体上滚中，影响锥体滚动的参数有三个：双锥体的锥顶角、轨道的坡度角和双轨道间的夹角。展品左半边，所有的参数都是我们预先设定的，轨道完全固定不动。因此，观众将双锥体放在左侧轨道最低端，就能看到锥体向中间的轨道高点滚动的现象。而展品的右半边，锥顶角和轨道的坡度角是固定的，双轨道间的夹角是可调的。观众转动转轮时，就能观察到当双轨道逐渐打开时，轨道宽度变大，轨道间的夹角逐渐变小，锥体开始从中间的轨道高点向右侧的轨道低处运动的现象，也就打破了"锥体上滚"的错觉。这时候观众就会发现原来轨道夹角和双锥体运动方向之间是有联系的，随着观众的几次操作探究，他们就能找到其中的规律，进而探索其背后的科学内涵。

既然引入了可控变量，为什么还要保留左边的固定轨道呢？这是为了引导观众作对比。这个展品的左半边所有的参数都是预设好的，观众只需将双锥体放上就能看到最佳演示效果。由于是对称设计，观众会在改变右半边轨道夹角这个可变参数的同时，自然而然地去对比左右两边的轨道区别和双锥体的运动状态区别。

这件展品有三个参数影响演示结果，但在研发改进的过程中，我们仅仅引入一个可控变量。控制变量法中有一个重要的原则，叫作单一变量原则，即控制唯一变量而排除其他因素的干扰从而验证唯一变量的作用。对于普通观众而言，在无辅导员引导的情况下，操作和理解展品的同时要运用这一准则来处理展品中的数个变量，是有一定难度的。如果展品的可控变量不止一个，没有接触过控制变量法的观众，以及部分耐心不足、观察不够仔细的观众，很可能不能迅速找到探究方法，没有理解展品就掉头离开了。为了避免这种情况，因此我们在研发过程中只设置了一个可控变量。

这件国内首创的"越过山丘"版的锥体上滚，是我们对传统展品进行了全新的集成创新之后形成的作品。这样的先上坡再下坡和原本的上坡版相比较，给观众的心理冲击会更强。这种引入可控变量的展品设计方式也是我们对展教同步设计进行的尝试。这样的设计不仅有利于观众进行探究与认知，也有利于配套教育活动的设计与开发。由于在展品设计中增加设置了可控变量，科普辅导员在基于展品开发的展教活动中能够更好地融入探究环节，利用展品的可控变量来引导观众运用控制变量法这一科学研究中用的最广泛的方法来进行探究式学习。

锥体上滚这件展品出现在我们国内，迄今已经有 30 多年了。第一件锥体上滚是 20 世纪 80 年代出现在中国科技馆的。那时候的第一代锥体上滚，观众只能按动按钮，然后透过窄窄的窗口观察里面锥体的运动情况。后来出现的第二代锥体上滚，也就是我一开始所说的目前常见的锥体上滚，可以让观众自己放置锥体，可以从各个方向、各个角度观察，明白科学原理。现在我们所设计的锥体上滚不但可以让观众观察最佳演示效果，还可以改变其中的某个参数，与最佳实验效果作对比，进行科学探究，自己探寻其蕴含的科学原理，进而了解控制变量法、对比法等科学的研究方法。

锥体上滚的发展史其实也从一个侧面反映了科普教育的理念正在不断地更新，不断地进步。

六、团队介绍

合肥市科技馆历来注重团队建设，展区更新改造工作常抓不懈，重视展品的自主研发，创意设计了大量创新型展品，锻造了一支有创新思想、有创新能力的研发队伍。在多年的展区更新改造实践中，合肥市科技馆展品研发团队提出了"以我为主"的工作思路，更注重由我们自己提出创意、标准和要求，再向展品制作厂家定制。研发团队在长期的展品更新的过程中，不断加大自主研发、开拓创新的工作力度，经过多年的摸索和锻炼，合肥市科技馆展品研发部的研发水平和能力进一步提高，已逐渐成长为一支思想创新、屡获佳绩的优秀团队。

项目单位：合肥市科技馆

文稿撰写人：袁　媛

二等奖获奖作品

自来水的旅行

一、展品描述

　　生活在城市中的孩子,面对哗啦啦流个不停的自来水,总会有个疑问,自来水是从哪里来,又流向了哪里呢?这个展品就可以解答孩子们的疑惑。选择内置LED灯带的水管模型,将台面上城市自来水供、排过程中的出水口和进水口连接起来。在不断探索、试错的过程中,了解生活中常见自来水的流动过程,知道自来水从哪来,最终流向哪里,感悟自来水供、排过程的烦琐复杂,引导儿童养成节约用水的习惯。

二、展示方式

　　参与互动的观众可以选择内置LED灯带的水管模型,将台面上城市自来水供、排过程中的出水口和进水口连接起来,连接正确时水管模型模拟流水的效果,相应的屏幕上显示正确的反馈结果,连接错误时水管模型显示红色,相应的屏幕上显示错误带来的后果。

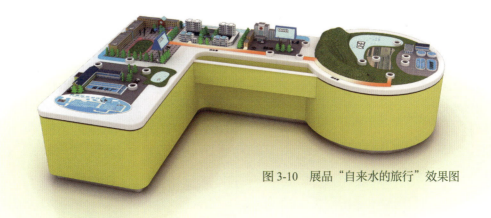

图3-10　展品"自来水的旅行"效果图

（一）结构与组成

展品主要包括展台、水管模型收纳槽、城市场景模型、水管插拔接口、说明牌以及水管模型等，其中水管模型内置LED灯带，长度相同，可插拔放置在水管模型收纳槽中，固定的自来水供排管道嵌在展台上。城市中居民楼、学校、工厂、污水处理厂、自来水厂、城市自来水管道、树木等均为数控加工缩略硬质模型，城市水源地、人工湖等以屏幕的形式呈现，并合理地隐藏于城市场景中。展台上共有13个插接口，有10组相邻的插接口间距是等长的，形成10种不同的连接方式，连接后水管模型颜色均有正确、错误的变化反馈，同时与屏幕播放内容实现联动。

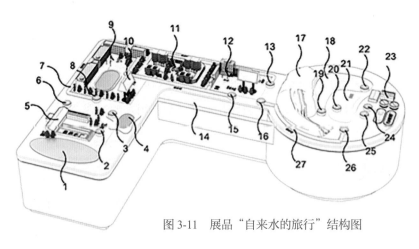

图 3-11 展品"自来水的旅行"结构图

1—说明牌

2—自来水厂进水口

3—水源地取水口

4—水源地

5—自来水厂

6—自来水厂出水口

7—城市供水管道

8—城市供水口

9—学校

10—LED屏幕

11—居民楼

12—医院

13—城市取水口

14—收纳槽

15—城市排污口

16—城市排污口

17—山模型

18—人工湖

19—人工湖入水口

20—农田入水口

21—农田

22—人工湖入水口

23—污水处理厂

24—污水处理厂出水口

25—污水处理厂入水口

26—城市排污口

27—城市排水管道

（二）操作与体验

（1）观众从收纳槽（编号14）选择水管模型，连接接口（编号2和编号3），水管模型出现流水效果，自来水厂模型内LED灯亮起，水源地的屏幕讲述城市自来水取水的相关知识（用卡通视频的方式）；当连接接口（编号3和编号8），水管模型闪烁红色表示错误，水源地的屏幕显示水管连接错误的后果（用卡通视频的方式）。

（2）观众利用水管模型连接接口（编号6和编号8），城市中的供水管道亮起并出现流水效果，表示自来水输送到家、学校、社区等，城市中LED屏幕（广告牌造型）讲述自来水在城市中的应用。

（3）观众用水管模型连接接口（编号15和编号16），城市中的排水管道亮起为棕色，出现流水的效果，并最终汇集到展台上的城市排水管道，城市中LED屏幕（广告牌造型）讲述城市污水来源。

（4）观众用水管模型连接接口（编号13和编号16），水管模型闪烁红色表示错误，城市中LED屏幕（广场造型）讲水资源节约的相关内容。

（5）观众用水管模型选择将接口（编号26和编号19）连接，水管模型闪烁红色表示错误，原先为蓝色河流（LED屏幕）出现棕色的水混入的效果，一直延伸到人工湖，人工湖（LED屏幕）播放视频，讲述污水进入河流和人工湖带来的后果（用卡通视频的方式）；选择将接口（编号26和编号20）连接，水管模型闪烁红色表示错误，农田（LED屏幕）播放视频，讲述污水进入湿地带来的后果（用卡通视频的方式）；选择将接口（编号26和编号25）连接，水管模型显示棕色流水效果，污水处理厂模型内LED灯箱亮起。

（6）当污水处理厂模型内LED灯箱亮时，观众利用水管模型连接接口（编号24和编号22），水管模型显示淡蓝色流水效果，人工湖（LED屏幕）播放视频，讲述污水处理厂尾水进入人工湖带来的影响（用卡通视频的方式）；连接接口（编号24和编号20），水管模型显示淡蓝色流水效果，农田（LED屏幕）播放视频，讲述污水处理厂尾水进入农田带来的影响（用卡通视频的方式）。

三、科学原理

城市中的自来水供排过程烦琐复杂，本展品主要展示了水源地、自来水、供水系统、排水系统、城市污水、污水处理厂以及尾水排放等内容。

（一）水源地

水源地主要包括地下水源和地表水源地，地下水源包括潜水（无压地下水）、自流水（承压地下水）和泉水。地表水源包括江河、湖泊、水库、海洋。

（二）自来水

自来水是指通过自来水处理厂净化、消毒后生产出来的符合相应标准的供人们生活、生产使用的水。生活用水主要通过水厂的取水泵站汲取江河湖泊及地下水、地表水，由自来水厂按照《中华人民共和国国家标准生活饮用水卫生标准》，经过沉淀、消毒、过滤等工艺流程的处理，最后输送到各个用户。

（三）供水系统

城市供水系统要持续不断地向城市供应数量充足、质量合格的水，以满足城市居民的日常生活、生产、消防、绿化和环境卫生等方面的需要。配水管网应根据城市地形、道路系统、用量较大用户的位置、用户要求的水压等进行布置。如果城市地形起伏、高差很大，或高层建筑数量多而且集中，可采用不同供水压力的管网系统分区供水。

（四）排水系统

城市排水系统排出人类生活污水和生产中的各种废水，由排水管系（或沟道）、废水处理厂和最终处理设施组成。

（五）城市污水

城市污水是通过下水管道收集到的所有排水，是排入下水管道系统的各种生活污水、工业废水和城市降雨径流的混合水。生活污水是人们日常生活中排出的水，它是从住户、公共设施（饭店、宾馆、影剧院、体育场馆、机关、学校和商店等）和工厂的厨房、卫生间、浴室和洗衣房等生活设施中排放的水。

(六)污水处理厂

污水处理厂的目标是去除悬浮物和改善耗氧性,有时还进行消毒和进一步处理。污水处理厂包括沉淀池、沉砂池、曝气池、生物滤池、澄清池等设施及泵站、化验室、污泥脱水机房、修理工厂等建筑。

(七)污水处理厂尾水排放

污水处理厂可将污水进一步处理后回用或排入江、河、湖作为第二水源,也会将尾水收集起来再生处理后安全地回用,即城市再生水(或称回用水、中水),返回给城市水质要求较低的用户。

四、应用拓展

可基于本展品开展科普活动或者科学课活动,带领儿童或者青少年学生,详细了解城市自来水的知识及概念。

图 3-12　展品"自来水的旅行"展出实拍图

五、创新与思考

展品城市缩略模型中居民楼、学校、工厂、污水处理厂、自来水厂、城市自来水管道、树木等均为数控加工缩略硬质模型，城市水源地、人工湖等以屏幕的形式呈现，并合理地隐藏于城市场景中，将自来水旅行的完整过程形象直观地表现出来，提升了展品的美感与质感，拉近了观众与展品的距离，更有助于改善体验者的学习兴趣和对科普知识的理解。

展品实现了声光系统和多媒体联动，体验者选择内置灯带的水管模型任意搭接，水管能自动识别插拔位置的对错，并出现声光效果以及多媒体播放内容的反馈，通过声光等效果以及多媒体内容反馈，体验者可以轻松直观了解自来水在城市中"旅行"的全过程。

展品可以让体验者用水管模型任意搭接、试错，通过趣味游戏的方式，更容易吸引体验者参与，符合科技馆教育的基本要求。多位体验者可同时参与互动，引导体验者自发地进行决策、交流、协作，适应科技馆大量人员参观的需求。

六、团队介绍

崔胜玉：中国科学技术馆展览设计中心工程师，从事展览策划及设计，该展品负责人。

李　赞：中国科学技术馆展览设计中心副主任，从事展览策划及设计，负责该展品方案指导。

王　剑：中国科学技术馆展览设计中心工程师，从事展览展品形式设计，负责该展品形式设计。

李瑞婷：中国科学技术馆展览设计中心工程师，从事展品机械设计，负责该展品机械设计。

张　浩：中国科学技术馆展览设计中心工程师，从事展品电控设计，负责该展品电控设计。

项目单位：中国科学技术馆

文稿撰写人：崔胜玉

彩虹风车

一、展品描述

展品由显示屏、偏振片、风车、操作台等组成，共分为三个展示部分。

第一部分：演示观看区，展墙上镶嵌三种形状（圆形、菱形、长方形）的32寸显示屏，三个显示屏前的圆形、菱形、长方形透明片分别做左右、上下、翻转运动，观众可在三种透明片上看到色彩变幻的景象。

第二部分：风车互动区，60寸显示屏前设计有规律排列成长方形的透明风车，观众在正前方操作台上按下"启动"按钮，显示屏亮起，发出偏振光，偏振光是指光矢量的振动方向不变，或具有某种规则变化的光波，人眼是无法识别这种"偏振光"的，因此看到的是一片白色的画面。当原本透明的偏振片透过背后的白色显示屏后，它能将人眼无法识别的偏振光"翻译"成可识别的色彩并呈现，观众拿起圆管，吹动风车，风车上的色调将根据风车的角度不断变化。

第三部分：应用展示区，通过图文灯箱综合展示偏振光在日常生活中的应用，如汽车车灯、摄像机镜头、LCD液晶屏、立体电影效果等。

展品通过图文展示及观众互动的形式，展示了光的偏振原理以及偏振光在日常生活中的应用，让观众更进一步了解偏振光的相关知识。

二、展示方式

圆形、菱形、长方形透明片及风车均设计为偏振片，从而使显示器发出的光变为偏振光，达到观众所看到的奇妙的色彩变化效果。

图 3-13 展品"彩虹风车"效果图

（一）结构与组成

展架、操作台（包含按钮、圆管、风机）、显示屏（32 寸、60 寸）、偏振片（风车及圆形、菱形、长方形偏振片）、图文展板（汽车车灯、摄像机镜头、LCD 显示屏、立体电影效果）、亚克力灯箱。

（二）操作与体验

（1）系统程序控制机械传动装置带动圆形、菱形、长方形偏振片分别做左右、上下、翻转运动，观众观看偏振片上出现的奇妙色彩变化。

（2）按下按钮，启动风机，拿起圆管吹动显示器前的风车，风车转动，可以看到风车上的色调根据风车的角度不断变化。

（3）观看汽车车灯、摄像机镜头、LCD 显示屏、立体电影效果等图文知识，了解偏振光在日常生活中的应用。

三、科学原理

振动方向对于传播方向的不对称性叫作偏振，它是横波区别于其他纵波的一个最明显的标志，只有横波才有偏振现象。光波是电磁波，因此，光波的传播方向就是电磁波的传播方向。光波中的电振动矢量 E 和磁振动矢量 H 都与传播速度 v 垂直，因此光波是横波，它具有偏振性，具有偏振性的光则称为偏振光。

偏振片可以使自然光变成偏振光，利用这个特性，我们便可以设计出许多绚烂多彩、变幻莫测的美丽画面。

四、应用拓展

汽车夜间在公路上行驶与对面的车辆相遇时，为了避免双方车灯的眩目，司机都关闭大灯，只开小灯，放慢车速，以免发生车祸。如果驾驶室的前窗玻璃和车灯的玻璃罩都装有偏振片，而且规定它们的偏振化方向都沿同一方向并与水平面成45°角，那么，司机从前窗只能看到自己的车灯发出的光，而看不到对面车灯的光，这样，汽车在夜间行驶时，既不要熄灯，也不要减速，可以保证安全行车。

在拍摄立体电影时，用两个摄影机，两个摄影机的镜头相当于人的两只眼睛，它们同时分别拍下同一物体的两个画像，放映时把两个画像同时映在银幕上。如果设法使观众的一只眼睛只能看到其中一个画面，就可以使观众得到立体感。为此，在放映时，两个放像机每个放像机镜头上放一个偏振片，两个偏振片的偏振化方向相互垂直，观众戴上用偏振片做成的眼镜，左眼偏振片的偏振化方向与左面放像机上的偏振化方向相同，右眼偏振片的偏振化方向与右面放像机上的偏振化方向相同，这样，银幕上的两个画面分别通过两只眼睛观察，在人的脑海中就形成立体化的影像了。

自然光在玻璃、水面、木质桌面等表面反射时，反射光和折射光都是偏振光，而且入射角变化时，偏振的程度也有变化。在拍摄表面光滑的物体，如玻璃器皿、水面、陈列橱柜、油漆表面、塑料表面等，常常会出现耀斑或反光，这是由于反射光波的干扰而引起的。如果在拍摄时加用偏振镜，并适当地旋转偏振镜片，让它的透振方向与反射光的透振方向垂直，就可以减弱反射光而使水下或玻璃后的影像清晰。

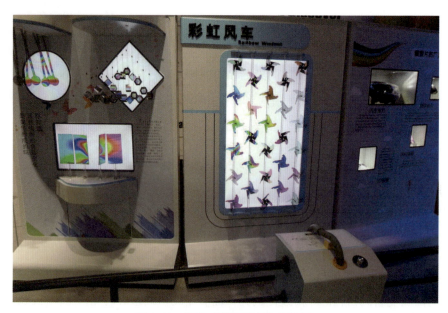

图 3-14　展品"彩虹风车"实物图

五、创新与思考

展品利用机电、机械演示,互动演示,图文展示等多种展示手段组成一个彩虹风车展品,在展示内容和展示手段上做到多元化、丰富化,达到展教一体的目的,让观众对偏振光及光的偏振原理有更加全面细致的了解。

六、团队介绍

翟　咏：青海省科技馆副馆长。

文　宁：青海省科技馆综合部主任。

裴亚普：青海省科技馆技术保障部工程师。

项目单位：青海省科学技术馆

文稿撰写人：裴亚普

勇闯高原

一、展品描述

这是一台可以模拟高原低氧环境的展品，它是将原本应用于军队和运动员高原训练的高科技装备成功转化为在科技馆与观众互动的首创展品。展品可以模拟不同海拔高度的高原氧气环境，加上自行车踩踏设备和血氧仪检测设备的配合，形成了比较真实的高原运动环境，观众可以直接参与，在平原地带感受高原反应，来一次高原之旅。

二、展示方式

观众把头部置于透明面罩，面罩内不断被充入低氧气体，当海拔2000米时，这里的氧气浓度是17.75%，随着海拔不断升高，当海拔5000米，氧气浓度就只有12.95%了。同时，面前的屏幕上显示出参与者的实时血氧浓度和不同海拔高度的动植物和地貌场景。

（一）结构与组成

展品由低氧发生设备、头盔式可升降低氧面罩、运动脚踏、多媒体显示系统等组成。该展品符合DB 34/T 2455—2015《智能化低氧呼吸训练系

图3-15 展品"勇闯高原"效果图

统》地方行业标准的要求。

1. 低氧发生设备

低氧发生设备通过进口芯片组搭载智能算法，补偿高原环境压力对浓度的影响，实现在平原地区实时、精准地模拟出高原低氧环境。

2. 头盔式可升降低氧面罩

在企业生产的低氧发生设备上，出气装置的外形类似防毒面具适合专人专用，但转化为科普展品面向不特定群体时，它的安全性和卫生性就得不到保证。展品将出气装置设计为头盔式可升降低氧面罩，这样的面罩+门帘设计，完美解决了原型设备与体验者口鼻部密切接触的卫生问题。因为始终有新鲜干净的气流补入，所以观众不会感觉空气污浊，透明的设计也减少了体验者的幽闭感。随时可以拉下推上的升降设计可让参与者在不适时随时结束体验。这样的透明面罩，彻底解决了安全、卫生以及耐用性问题，并且兼顾了美观。

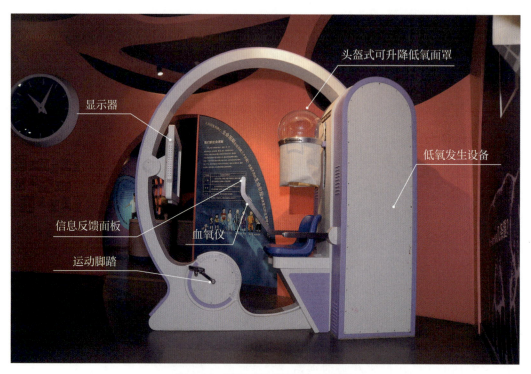

图 3-16　展品"勇闯高原"结构图

3. 运动脚踏

人体在运动状态下耗氧量会增加,为了让参与者能在体验时短时间内进入模拟高原反应的状态,我们设计了有一定阻尼的脚踏装置让参与者在体验过程中保持一定的运动量。此外,脚踏装置也是系统判断观众是否开始参与体验并驱动软件的一个重要装置。

4. 多媒体显示系统

通过多媒体显示系统,体验者能够真切感受到高原环境。在运动脚踏和面罩部分装设有传感器,随着体验者的运动,控制多媒体显示画面的内容。

展品目前设定的海拔范围在 2000~5000 米,每名体验者的参与时间大约 3 分钟。在参与过程中,屏幕上不但会实时显示体验者的心率、血氧饱和度等生理指标,还会同步显示高原环境中的地理、动植物等科普知识,增加展品的趣味性和互动性,吸引观众的参与。

(二)操作与体验

观众坐定后,拉下上方的头盔式可升降低氧头罩罩住头部,把右手手指放入血氧仪中,当显示屏中出现骑行登山界面后即可开始蹬踏踏板。随着骑行,画面中的海拔高度会逐渐升高,并展示相应海拔高度的生态系统,同时头罩内的氧气会逐渐变得稀薄,让体验者如同置身于高原环境。

在画面中,随着海拔高度的增加,出现阔叶林—混合林(含箭竹林、针叶林)—灌木丛—高山草甸—冻原(地衣苔藓+砾石+裸岩)—冰雪的地貌变化。不同海拔高度,植物呈现越来越低矮的趋势。

三、科学原理

高海拔地区具有低气压、低氧等独特的气候特点。很多生活在低海拔平原地带的人,到了青海、西藏等高海拔地区,身体会出现一些反应来适应环境的变化,这就是高原反应,是机体对高原环境的一种应激反应。这些反应随着每个人的体质、年龄、性别等因素的不同,程度和症状也有一定的区别,主要症状就是头痛、心慌、恶心、失眠、呕吐、肌肉酸痛、气短、全身乏力、口唇发绀、头晕、胸闷、食欲不振等。

四、应用拓展

模拟高原环境的低氧设备主要用于军队和运动员的模拟高原训练。在低氧环境下训练，能让人产生适应性改变，提高心肺功能，也就是提高了身体利用氧的能力，所以能让人的运动能力更强。

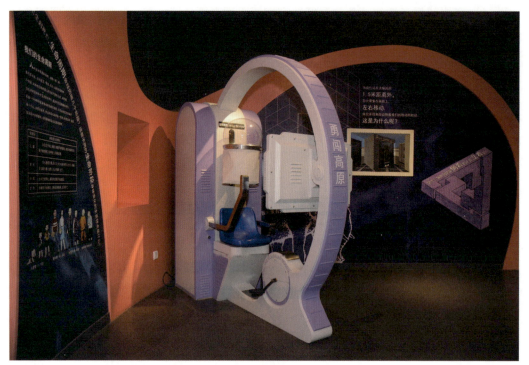

图 3-17　展品"勇闯高原"实物图

五、创新与思考

展品是一件合肥市科技馆和当地的高新技术企业联合研发的首创展品。该高新技术企业专门研制生产模拟高原环境的低氧设备，主要用于军队和运动员的模拟高原训练，目前也逐渐开始走向民用，用于一些专业健身房。这种设备模拟海拔调节响应时间短，可以精确等效模拟不同海拔高度下的气体环境，达到国际领先水平。不同于传统抽真空方式模拟低氧方式，它采用物理分离方式实现低氧气体的持续恒定输出，安全性方面通过国家计量上海测试中心的 CMA 认证，符合《医用及航空呼吸用氧》标准。

有了这样的黑科技，"勇闯高原"的创意就有了实现的基础。高新技术企业负责提供核心机，合肥市科技馆负责互动形式设计、展品外形设计、软件脚本设计和控制逻辑设计。在我们和高新技术企业的通力合作之下，"勇闯高原"终于研制成功。这件展品的创新点在于高还原性的高原氧气环境的模拟，根据不同的地理位置高度模拟不同的高原氧气环境，让观众能够真切感受到高原氧气环境的变化。通过高原氧气环境模拟和自行车骑行的配合，形成了真实高原运动环境，能够让观众真切体会到高原登山的困难所在。

六、团队介绍

合肥市科技馆历来注重团队建设，展区更新改造工作常抓不懈，重视展品的自主研发，创意设计了大量创新型展品，锻造了一支有创新思想、有创新能力的研发队伍。在多年的展区更新改造实践中，合肥市科技馆展品研发团队提出了"以我为主"的工作思路，更注重由我们自己提出创意、标准和要求，再向展品制作厂家定制。研发团队在长期的展品更新的过程中，不断加大自主研发、开拓创新的工作力度，经过多年的摸索和锻炼，合肥市科技馆展品研发部的研发水平和能力进一步提高，已逐渐成长为一支思想创新、屡获佳绩的优秀团队。

项目单位：合肥市科技馆

文稿撰写人：袁　媛

奏乐电磁炮

一、展品描述

"奏乐电磁炮"是一件以线圈电磁炮为基础,与敲击琴结合的展品。通过不同的按钮操控线圈电磁炮可以展示线圈电磁炮的基本工作原理,每个线圈电磁炮击打的琴键不同所以发出的音调也不同。观众可以观察琴键并操作不同的电磁炮从而了解"声音的三要素",进而演奏出属于自己的美妙音乐。

二、展示方式

操作互动面板上的"启动"按钮,展品默认为手动模式,也可按"手/自动"切换按钮进行手动模式或自动模式切换,再操作15个发射按钮便可操控线圈电磁炮发射炮弹撞击琴键弹奏音乐。

图 3-18　展品"奏乐电磁炮"

（一）结构与组成

奏乐电磁炮主要由展示台体、线圈支架、PLC 控制电路模块、充电升压储能模块、发射线圈模块、敲击发声模块、互动操作模块、金属炮弹组成。

（二）操作与体验

1. 手动模式

在手动模式下，按电磁炮前面对应的按钮则激发对应的电磁炮发射金属炮弹撞击敲击块发出声音，金属炮弹撞击敲击块后靠重力掉回初始位置。一共 15 个按钮对应音乐 15 个不同的音调，观众可按自己的想法弹奏乐曲。

2. 自动模式

在自动模式下，按电磁炮前面的前四个按钮选择对应的四首曲目，每个按钮则分别靠 PLC 自动控制完成单首曲目的演奏。如 1 号按钮按下则自动演示《两只老虎》。

三、科学原理

（一）电磁炮

电磁炮是利用电磁发射技术制成的一种先进动能杀伤武器。与传统大炮将火药燃气压力作用于弹丸不同，电磁炮是利用电磁系统中电磁场产生的洛伦兹力来对金属炮弹进行加速，使其达到打击目标所需的动能，与传统火药推动炮弹的大炮相比，电磁炮可大大提高弹丸的速度和射程。

（二）声音的三要素

响度：人主观上感觉声音的大小（俗称音量），由振幅和人离声源的距离决定，振幅越大响度越大，人和声源的距离越小，响度越大。响度的单位为分贝。

音调：声音的高低（高音、低音），由频率决定，频率越高音调越高。音调的单位为赫兹，人耳听觉范围为 20～20000 赫兹。20 赫兹以下称为次声波，20000 赫兹以上称为超声波。

音色：又称音品，波形决定了声音的音色。声音因不同物体材料的特性而具有不同特性。音色本身是一种抽象的东西，而波形则把这个抽象的东西直观地表现出来。音色不同，波形则不同。典型的音色波形有方波、锯齿波、正弦波、脉冲波等。不同的音色通过波形可以分辨出来。

四、创新点

（1）线圈电磁炮与敲击琴的结合，赋予线圈电磁炮全新的互动展示方式，融合了艺术之美与科技之美，同时在互动的过程中引出"声音的三要素"丰富了展品的科普内容，观众可探索的科学线索更为深远。

（2）展品设计制作过程中严格贯彻"标准化设计"加"模块化设计"，展品部件排布有序，虽然每个组件间相互完美衔接，但都相对独立，在后期维护时更换损坏的独立部件即可快速恢复展品运行状态，使展品后期维保更加简便、经久耐用。

五、应用拓展

电磁炮本身是利用电磁发射技术制成的一种先进动能杀伤武器，与音乐艺术并无交集。但本展品突破思维局限，大胆地把科技与艺术有机结合。同时在展品的互动性、观赏性和后期维保的便利性方面均进行大胆的创新和实践。

展品在广西科技馆内主要位置迎接每天来馆观众，经过近两年的高负荷运转仍然保持较好的展示状态，受到来馆观众和领导的

图 3-19　展品"奏乐电磁炮"实物图

一致好评。

六、经验与思考

（一）收获与体会

在整个展品设计与制作过程中，我们团队经历了展品创意头脑风暴、外观设计、外观模块化建模、外观组件材料选型和结构配合、标准化电路设计、控制器程序编程、电路接线制作、整体装配等一道道难关，但在大家高涨的创新热情和相互默契的配合下，最终实现了较为满意的效果。

在研发过程中体会到理论构想到实际呈现之间的艰辛，并了解了很多常用的材料与设备型号规格在实际应用中的差别和作用，对提高设计水平、降低展品制作成本很有帮助。

（二）问题及建议

进行展品外观设计和控制电路板设计时需预留有一定余量空间，后期进入装配测试环节时可能会根据调试效果对控制电路板或者内部机构进行修改和调整。如果内容空间不足就会出现线路杂乱无序，或展品柜体重做的风险。

七、团队介绍

唐经纬：展品技术部主管，负责项目外观设计制作、控制电路设计制作、设备安装与调试。

刘　波：原广西科技馆副馆长，负责项目创意及实现。

秦晓冰：原展品技术部部长，负责外观指导。

项目单位：广西壮族自治区科学技术馆
文稿撰写人：唐经纬

三等奖获奖作品

布鲁斯特角

一、展品描述

和科技馆的许多展品一样,这件展品是以一位科学家的名字来命名的,他就是布鲁斯特。布鲁斯特1781年出生于苏格兰,一生致力于光学领域的研究,侧重实验研究,被称为"现代光学实验之父"。我们熟知的万花筒、双轴晶体、马蹄形电磁铁都与他有关,当然他一生最为重要的实验发现就是——布鲁斯特角。

首先引导观众参与橱窗拍摄,启发观众探索思考为什么可以消除掉反射光;再进入实验阶段,让观众亲自动手发现布鲁斯特角;最后参与现代应用,激发观众学习基础科学的兴趣,小原理也有大用处。

图 3-20 展品"布鲁斯特角"底色图

二、展示方式

展品分为四个部分：①橱窗摄影；②多媒体原理解说；③"布角"实验；④"布角"应用（实际操作精度为 0.05 纳米的椭偏仪）。

观众通过展示橱窗了解利用偏振片拍摄橱窗时，选取适当的角度可以完全避开玻璃的反光。在多媒体触屏中了解"布鲁斯特角"实验装置的原理及操作步骤，以现有手段重温该实验过程，并使用椭偏仪实际测量 4 种纳米级镀膜的厚度。

展示重点为"布鲁斯特角"实验。观众通过滑轨与光路指示器（激光）调整光源位置至反射光与折射光互相垂直（即布鲁斯特角）。调整过程中观众可通过可旋转检偏器看到反射光线逐渐消失或出现，验证布鲁斯特角反射光是线偏振光。

图 3-21 展品"布鲁斯特角"实拍图

（一）结构与组成

（1）橱窗部分　由亚克力盒体（模拟橱窗）、LED 光源（反射干扰光源）组成。

（2）原理实验展示部分　由入射光源、指示光源（激光显示光路、角度）、电介质（亚克力半圆柱体）、观察镜（检偏器）、角度刻度盘、滑轨与机械臂组成。

（3）应用展示部分　精度为0.05纳米的椭偏仪，测量4种厚度的纳米级镀膜。

（4）触摸屏　操作说明、原理解释、生活应用、椭偏仪显示器。

（二）操作与体验

根据触摸屏了解操作流程。

通过橱窗模拟、偏振片用手机消除干扰光斑，学会拍摄橱窗的技巧；用现代手段重温布鲁斯特角实验过程；观众按下按钮，指示光源（绿激光）、观察光源亮起；调整光源、检偏器角度，通过调整检偏器旋转方向观察反射光线明暗变化；根据指示光源调整至布鲁斯特角，通过调整检偏器旋转方向观察反射光线消失（暗视场）；在该角度下为光源插入起偏器（偏振片），调整起偏器方向，在检偏器处无论任何旋转检偏器方向都观察不到光源，说明此时反射光振动方向与入射面垂直。

使用椭偏仪实际测量4种纳米级镀膜的厚度，深入了解该原理的应用

三、科学原理

布鲁斯特角是指当自然光在电介质界面上反射和折射时，一般情况下反射光和折射

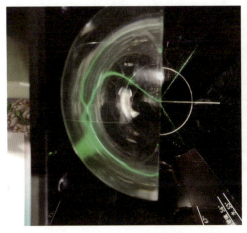

图 3-22　展品"布鲁斯特角"角度指示图

光都是部分偏振光，只有当入射角为某特定角时反射光才是线偏振光。

四、应用拓展

目前在应用方面我们真实地展示了一台国产光谱椭偏仪，这只是该原理应用的一个部分。椭偏仪被广泛应用在半导体、集成电路、光伏、平板显示、存储、生物、医药等众多生产、检测领域。

举个简单例子，芯片的生产就是镀膜，光刻，再镀膜，再光刻；如何控制与检验镀膜的厚薄，精密测量这就要靠椭偏仪。目前这台精度为 0.05 纳米，并在样件台上放有 4 片不同厚度的纳米级二氧化硅薄膜标片供观众进行现场测量体验。

五、创新与思考

（1）将布鲁斯特角搬进科技馆。

（2）用实例展示了布鲁斯特角在科学上的运用（椭偏仪）。尝试将原理与科学应用放在同一件展品上，让观众更直观地了解该原理在现代生活工作中的应用。

（3）结合 1811 年布鲁斯特当时的实验条件，从其发现过程，让公众体验科学家发现与探索的科学方法和严谨的科学态度。

（4）在制作过程中对观测光源增加柔光片，成功形成暗视场；改变电介质形状，以消除底面反射；增加了旋臂令光源有了两点支撑，保障光源的稳定性。

图 3-23 展品"布鲁斯特角"展出实拍图

六、团队介绍

应　桢：福建科技馆新馆办中级工程师,提供展品创意,原型试验,参与展品方案设计,负责展品技术设计;参与展品制作。

邱　峰：福建省科技馆副馆长中级工程师,负责方案设计,参与技术设计。

徐　伟：福建省科技馆新馆办中级工程师,参与展品技术设计和展品制作。

冯　协：福建协力创新电子科技有限公司经理,负责展品制作,绘制效果图。

项目单位:福建省科技馆

文稿撰写人:应　桢

天文 AR

一、展品描述

天文其实是一项非常需要强调空间方位感、尺度感和运动感的学科,而传统平面媒体方式、VR(虚拟现实)方式和普通的 AR(增强现实)方式,都难以充分表达这些。这里我们基于普通的 AR 技术进行了升级和创新应用,朝大尺寸、多人共享、装置化方向进行了探索,以适应科技馆的展教需求。展品是以"太阳系"这一内容来演示它的功能。

图 3-24 展品"天文 AR"效果图 1

二、展示方式

展品基于华为 AR Engine 及相关硬件,充分发挥 SLAM-AR 的"基于空间的交互""与现实方位的对应""自主即时交互"特性,将真实的环境和虚拟的物体实时地叠加到同一空间,从而感受到在真实世界所无法亲身经历的体验,实现原先天文教学中一直想要表达却又难以做到的"空间、方位与尺度"体验感，每位体验者可以通过手持终端多方位地体验太阳系虚拟场景，特有的联机系统使体验者既可以同时共享同一虚拟场景，还可以通过开放权限让体验者自主探索体验，更直观、立体地认识宇宙，在了解天文相关的科学原理的同时，思考宇宙奥秘，启迪科学观、世界观。

图 3-25　展品"天文 AR"效果图 2

（一）结构与组成

（1）硬件部分：无频闪多向度触发源（信标），AR 课台，路由器，视频盒子，平板电脑，平板支架，电源遥控器，平板电脑充电线（弹簧线），耳机。

（2）软件部分：AR 联机系统，光源调节 APP，AR 课程内容。

（二）操作与体验

在内容结构上，天文 AR 按照"听而易忘，见而易记，做而易懂"的治学理念，将观众体验划分为"认知—探索—挑战"三个层次，认知，即对太阳系的整体进行认知；探索，即对太阳及八大行星进行自主捕捉，深入学习；挑战，即以射击的方式进行测验，将行星射入正确的轨道。

1. 认知——是以观察体验为主

"认知"立足于了解，例如太阳系中各个行星之间的结构、大小真实比例、相对位置以及运动轨迹、状态等。体验者可以通过移动平板的方式对行星的运行速度进行调整，以便更清楚地了解各行星的自转和公转状态，如金星是太阳系中唯一一颗逆向自转的行星，而天王星自转时的轴心对准太阳的。此外，体验者还可以通过调整行星的大小比例来了解在真实比例中，各个行星之间的大小差距，这个趋于真实的视觉对比，对于培养孩子们的世界观是很有好处的。

2. 探索——自主地选择感兴趣的内容进行学习体验

"探索"立足于自主探索学习，体验者可以根据自己的喜好，自主"捕捉"各轨道上的星球进行探索交互，对感兴趣的星球进行进一步的深入了解。例如捕捉太阳系中的地球后，就可以了解到地球的质量、大小、日地距离以及内部结构等，同时通过对地球上的火山、地震进行剖析和展示使体验者对火山喷发及地震发生的原理有进一步的了解。除此之外，太阳系中的其他几颗行星也可以通过"捕捉"来进一步了解它们的质量、大小、日星距离、内部结构等知识。当然，还有太阳这颗恒星，通过"捕捉"也能对它进行深入的探索体验。

3. 挑战——对前面学习的一个趣味性检验

"挑战"立足于开放式体验学习，由体验者通过趣味交互方式对前面所学进行"检验考核"。在轨道上运行的 8 颗行星开始都是没有材质和颜色的，体验者需要凭借记忆，把屏幕下方的星球发射至正确轨道上。如果星球发射至错误轨道则会被弹射出去，如果发射正确星球就会在它的轨道上正常运行。

三、科学原理

AR 是一种将真实世界信息和虚拟世界信息"无缝"集成的技术，是把原本在现实世界的一定时间空间范围内很难体验到的实体信息通过电脑等技术，模拟仿真后再叠加，将虚拟的信息应用到真实世界，从而达到超越现实的感官体验。

天文 AR 是通过华为 AR Engine 及相关硬件，充分发挥 SLAM-AR 技术，解决了"多角度、大尺度、多人共享、装置化应用"的难题，给体验者以"不同的视角"了解宇宙的良好机会，从而对于自我、地球、太阳系在宏大宇宙中的微观定位有了感知途径。该展品让体验者从不同视角体验真实比例的太阳系家族及发生在太阳系的天文景象。让体

图 3-26 展品 "天文 AR" 实物图

验者运用 AR 技术的"立体动态虚拟场景+真实方位及空间尺度对比+空间深度的交互"学习探索、启迪体验者的科学观、世界观。

四、应用拓展

"天文 AR"展品突破了科技馆传统天文展品的缺点，以更新的形式、更好的互动方式使公众体验科学、学习科学。特有的联机演示和体验者自主学习两种模式，很好地解决了类似展品的需要人员值守的问题，而且它是一个互动 AR 平台，在这个平台上可以让展教研发人员有无限的想象空间和提升空间，例如可以基于此平台增加更多的天文内容，诸如银河系、黑洞、宇宙起源的演绎、四季与昼夜、日食与月食、登月工程、火星计划、北斗工程、天眼、天宫等。

五、创新与思考

（1）在技术上，自主研发的多向位触发源技术，实现了多方位对虚拟场景的共享，同时实现了低极限角度，从而可以展示更多虚拟场景侧面细节。

（2）在设计上，天文 AR 充分发挥 SLAM-AR 在空间上的交互特性，强调基于空间位置的交互（例如对星球的"捕捉"和"射击"）和纵向空间的调度（例如整个太阳系的上升和下降、翻转）。

（3）在画面上，在引擎可接受的范围内尽量精美，例如太阳在凑近时可以看到火焰、星球的解剖面很迷人、地球里面的火山喷发很壮观。此外，通常的太阳系AR场景其太空沉浸感都不够逼真，团队进行了多次实验，才找到办法，最终获得超过其他太阳系AR的太空背景感。

（4）在内容上，实现了空间交互、方位体验，从传统灌输式、单线式体验走向主动式、多线开放式的学习体验。

图3-27　展品"天文AR"展出实拍图

六、团队介绍

邱　峰：福建省科技馆副馆长中级工程师，展品创意，方案设计。

李雄杰：北极光虚拟视觉科技公司，展品创意、方案设计，负责展品制作。

应　桢：福建科技馆新馆办中级工程师，参与方案设计。

何　旭：科技馆宣策部副主任中级工程师，参与方案设计。

徐　伟：福建省科技馆新馆办中级工程师，参与方案设计。

钟燕凌：科技馆新馆办中级工程师，多媒体方案、资料收集。

项目单位：福建省科技馆

文稿撰写人：邱　峰

辉光放电

一、展品描述

辉光放电是低压气体的自激导电现象,展品通过两端带有电极的亚克力透明管、直流高压电源和真空泵等,演示出这一现象。观众除可以观察到辉光放电现象外,还可以在操作过程中了解产生辉光放电的条件和过程。

二、展示方式

演示辉光放电现象的亚克力透明管置于展台上,并配有电压表、真空表和两个操作按钮。观众可以通过按压两个按钮控制电源和真空泵,给管子两端的电极施加电压和抽出管内的空气,电极电压和管内气压的变化可通过电压表和真空表观察。

当按下第一个按钮时,电压虽然已经加到管子两端的电极上,但因为是处于大气压力环境下,并无放电现象发生;接着按第二个按钮,真空泵开启,随着空气被不断抽出,管内的空气越来越稀薄,气压越来越低,当管内达到一定真

图 3-28 展品"辉光放电"效果图

空度时便出现辉光放电现象。同时，电压会突然下降至一稳定值。

（一）结构与组成

展品主要由展台、图文背板、辉光放电演示管、真空泵、直流高压发生器和控制系统等部分构成。

展台采用钢结构和人造石材，长1850毫米，宽810毫米，高750毫米。台面上放置辉光放电演示管和两个操作按钮，展台下部的箱体内放置真空泵和电气单元。展台上设有图文背板，采用灯箱形式，布置电压表、真空表和展品说明。

辉光放电演示管采用透明亚克力管，两端装有一对电极和一个抽气口，通过耐高压绝缘支架及防护罩与台面连接，管径150毫米，总长度1200毫米，去除支架部分后的实用长度为1000毫米。

真空泵、真空表、电磁阀、演示管等用真空管连接，组成抽真空系统。

直流高压发生器由调压器、变压器、硅堆整流和限流电阻等元器件组成。

控制系统的主要功能为：

（1）控制两个按钮的按压顺序，完成加电压和抽真空的操作步骤；

（2）利用按钮上的指示灯，以闪烁方式引导操作顺序；

（3）控制展品的放电持续时间和间歇等待时间；

（4）电源带有地线和漏电保护装置，操作按钮采用安全电压。

（二）操作与体验

（1）观看图文板，阅读展品说明，了解其科学原理和操作方法。

（2）按第一个按钮，电压表显示辉光管两端的电压上升至1.5千伏。这时，由于管内气压仍处于大气压状态，因此并没有辉光现象发生。

（3）接着按第二个按钮，真空泵启动，真空表显示辉光管内的气压开始下降。随着管内空气不断被抽出，管内气压越来越低，当达到一定真空度时，管内便会出现瑰丽的辉光。如果仔细观察还会发现，在辉光出现的同时，电压会突然降低并保持至1.0千伏。

（4）辉光放电可分成八个区域，即由阴极表面开始，依次为阿斯顿暗区、阴极辉光区、阴极暗区、负辉光区、法拉第暗区、正柱区、阳极辉光区、阳极暗区，其中最容易观察到的是负辉光区、法拉第暗区和正柱区。正柱区在阳极一侧呈紫红色，负辉光区在阴极一侧呈蓝色，两者之间是不发光的法拉第暗区，这三个区域在展品上都清晰可见。

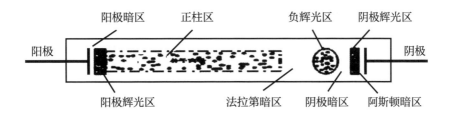

图 3-29　辉光放电呈现出 8 个区域

三、科学原理

辉光放电属于气体放电的一种形式，其特征是电压高、电流小，发光柔和并伴有特殊的亮区和暗区，光线瑰丽。

干燥的气体在通常情况下不存在自由电荷，是良好的绝缘体。但当受到外界因素的作用而出现大量自由电子时，气体就会成为导体。这时，如在气体中放置两个电极并施加电压，就有电流通过气体，也就形成了气体放电现象。依照气体的压强、电极的形状和距离、电源的电压和频率的不同，气体放电主要有暗放电、辉光放电、弧光放电、电晕放电、火花放电、高频放电等多种形式。

展品所演示的是直流辉光放电，它形成的条件是在低气压环境中，在两个平行电极上加载直流高压电并加以限流（图 3-30），低气压环境通过透明圆管抽真空获得。

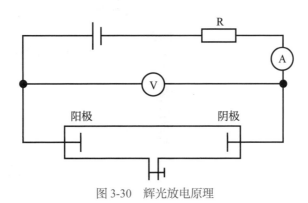

图 3-30　辉光放电原理

根据帕邢定律，击穿电压

$$V=BPd/\ln\left[\dfrac{APd}{\ln\left(1+\dfrac{1}{\gamma}\right)}\right]$$

式中，P 为气压；d 为电极距离；A、B、γ 为常数，仅与气体种类和电极材料有关。根据直流气体放电伏安特性曲线（图3-31），将电流限制在正常辉光放电区域。

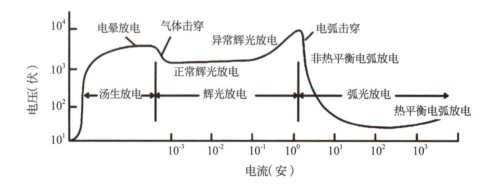

图3-31　直流气体放电伏安特性曲线

四、应用拓展

利用辉光放电的发光效应可制作光源，如利用正柱区作光源的霓虹灯，利用负辉光区作光源的氖管指示灯、数字显示管等；在电子电路中使用的氖稳压管则是利用了正常辉光放电的稳压特性而制成。

在气体激光器中，毛细管放电的正柱区是获得激光的基本条件，可制作氦氖激光器。

辉光放电质谱法是一种对固体样

图3-32　展品"辉光放电"实物图

品直接分析的方法，可避免将固体转化成溶液时因在溶解、稀释等过程中造成的灵敏度降低，被认为是目前为止唯一的同时具有最广泛的分析元素范围和足够灵敏度的元素分析方法，已成为固体材料多元素分析尤其是高纯材料分析的强有力的工具。

五、创新与思考

　　展品"辉光放电"的创意源于对展品"真空"的改进。"真空"是科技馆的经典展品，由若干个展品组成，通过演示真空环境中的各种物理现象，揭示相应的科学原理。其中大部分展品是成功的，但也有某些展品存在技术上难以解决的问题。如"空气传播声音"是通过大气环境和真空环境的对比来演示空气传播声音的物理现象，问题在于声音的传播受到真空罩以及外层防护玻璃的隔绝，同时又受到固体传播声音的干扰，使得声源的音量难以选择。在尝试多种方法加以改进却始终未果的情况下，产生了用新展品加以替代的想法，也就有了后来参加展览展品大赛的"辉光放电"。若是没有这次大赛，恐怕是难有机会下决心把它研制出来的。

　　展品的研制过程也非一帆风顺，由于研发团队成员对该专业知识并不十分熟悉，又缺少现成的参考资料，因此遇到许多技术性挑战，尤其是参数的确定一度令我们一筹莫展。相关资料显示，在实验室里进行的辉光放电实验，其放电管的尺寸一般都非常小，仪器和设备的连接方式也比较简单，这与科技馆的展品需求有很大距离。为了从视觉和表现力上与科技馆展品相适应，必须加大放电管的尺寸，然而如何确定相关参数成为最大的技术难点。在向诸多专业单位求助未果的情况下，为了在有限的时间里完成任务，研发团队也只能靠自己了。大家分工合作，从进一步查阅资料入手，深入学习辉光放电的基本原理，掌握其基本特征和变化规律，相关实验也同步展开。经过大家的共同努力，在经历多次失败之以后终于取得了技术性突破，所需参数随之得以确定。

　　展品"辉光放电"的研制成功得益于"第一届全国科技馆展览展品大赛"的机遇，是展品研发团队完全依靠自身的技术力量进行的一次难得的展品创新实践活动，既锻炼了研发团队，也在展品研发和创新方面给我们带来三点启示。其一，科技馆自身从事展品相关工作的技术人员有得天独厚的优势，是展品研发和创新的重要力量，发现与培养人才对提升科技馆展品水平至关重要。其二，科技馆展品内容涉及各专业领域，展品研制需要掌握多方面的专业知识与技术技能。虽然任何一位技术人员都不可能样样精通，然而作为科普其实也并不需要真的"精通"，制作科普展品的过程也是自己"被科普"的过程。所以，只要技术人员有深厚的专业功底、较强的业务能力和锲而不舍的钻研精神，就能够在研发和创新展品方面有所建树。其三，以大赛为契机，建立持续、长效的激励机制和保障措施，加强技术人员馆际间的技术交流，鼓励技术人员自觉投身到展品研发和创新活动之中，全面提升科技馆展品创新研发的能力和水平。

展品创新应符合科技馆发展的要求，以展教理念的创新为前提，以有效的技术手段为支撑，以不断改进完善为过程，以创新的效果为目标，同时还需要社会各界如高等院校、科研院所、生产企业、教育界、文化艺术界乃至广大的社会公众的共同参与，随着我国科技馆事业的不断发展，展品创新活动必将有着更加广阔的发展空间。

六、团队介绍

苏朝晖：天津科学技术馆展品部部长，大学本科学历，高级工程师。在科技馆工作20余年，主要从事展品设计、展区规划及展品管理等工作。主持研发的创新展品主要有正弦曲线、辉光放电、摆动杆、转笼、电磁感应等，获得7项实用新型专利。

焦　彤：天津科学技术馆展品部助理工程师，大专学历，主要从事展品维修、展区规划设计、展品研发及制作工作。

王　静：天津科学技术馆科学传播专业馆员，从事科普场馆展览策划、展品研发20余年。参与本馆数学展厅、人体与健康、机器人天地、飞天之梦、科技名人园等多个展区改造项目并为山东、黑龙江、四川、贵州、吉林、重庆、南京、临沂等省市科技馆研制展品100余件套。

杨　韬：天津科学技术馆展品部助理工程师，大专学历，主要从事展区规划设计、展品研发及制作工作。

宁书斌：天津科学技术馆展品部助理工程师，计算机专业大学本科学历。在本馆工作15年，主要从事展品设计、制作及维修和售后服务等工作。

项目单位：天津科学技术馆

文稿撰写人：苏朝晖

神奇的视错觉

一、展品描述

视觉会欺骗我们,颜色可能引起物体的边界模糊,从而使我们产生视错觉。观众可通过控制本展品下筒的升降,观察做相同匀速运动的两个不同颜色的色块,在条纹背景和纯色背景下展示出不同速度的观看效果,让观众获得观察、对比、思考的直接经验,并了解造成这种现象的科学原理。

二、展示方式

展台下部装有红外感应模块,观众靠近展台,展品开始运转,观众可以通过抬起或下压操作手柄,控制下筒的位置,分别观察色块在纯色背景和条纹背景下表现出的不同运动状态。

(a)正视图

(b)侧视图

图 3-33

180　科技馆展览展品资源研发与创新实践

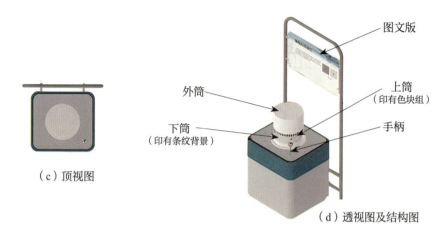

图 3-33　展品"神奇的视错觉"效果图

（一）结构与组成

展品主要由展台、筒体、转台、升降装置和图文板组成。筒体结构如图 3-34 所示，由外筒、上筒和下筒组成，外筒除观察区外，其他部分均涂白色油漆，主要起到安装、隐藏转台和保护装置的作用；上筒印有色块组，并匀速旋转，以便让观众在外筒的观察区里看到匀速运动的色块组；下筒上半部分印有深色条纹，下半部分为浅灰色纯色背景，可通过手柄控制升降，起到切换条纹和纯色背景的作用。

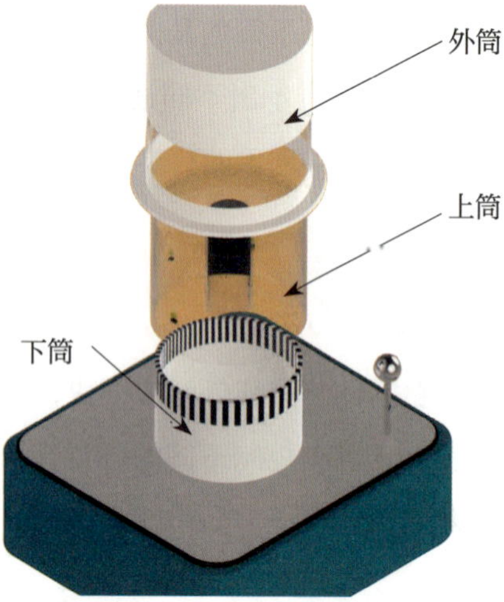

图 3-34　筒体爆炸结构示意图

转台倒装在外筒顶部，上筒倒挂在转台上，主要起到带动上筒匀速转动的作用；升降装置安装在台面下方的设备层内，采用简单的杠杆原理，通过按下和抬起手柄，控制下筒的升降。展台提升观看高度，安装红外感应模块，隐藏供电线路。

（二）操作与体验

（1）观众站在展台前方，展台底部安装的红外感应模块探测到有观众来体验展品，启动展品，转台带动上筒匀速旋转，观众可以看到色块组在条纹中运动，运动速度不一致且交替在前。

（2）观众按下操作手柄，下筒升起，露出下筒下半部分的纯色背景，观众可以看到，两种颜色色块在纯色背景中以相同速度做匀速运动。

（3）观众松开手柄，手柄自动回弹上升，下筒下降，色块组回到条纹背景运动状态。

（4）观众离开展品后，红外感应模块探测到无人体验展品，转台停转，展品进入通电静止状态。

三、科学原理

展品展示的知识点为视错觉。视错觉指的是人或动物观的视觉感知与客观事实不匹配的现象。

（一）视觉系统

我们的视觉系统由暴露在外的眼球、视神经和视觉皮质所组成。眼睛是外部图像进入视觉系统的第一个环节，光学信号在视网膜上被转换成电信号，通过视神经传入视皮质的神经元海洋之中。眼球是一部全自动聚焦成像图像采集系统，在性能上超越目前世界上任何一部数码相机。

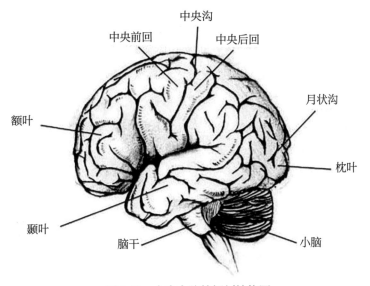

图 3-35　人类大脑的解剖结构图

当外界物体反射来的光线带着物体表面的信息经过角膜、房水，由瞳孔进入眼球内部，经聚焦在视网膜上形成物象。物象刺激了视网膜上的感光细胞，这些感光细胞产生的神经冲动，沿着视神经传入到大脑皮质的视觉中枢，即大脑皮质的枕叶部位，在这里把神经冲动转换成大脑中认识的景象。这些景象的生成已经经过了加工，是"角度感""形象感""立体感"等协同工作，并把图像根据摄入的信息在大脑虚拟空间中还原，还原等于把图像往外又投了出去。虚拟位置能大致与原实物位置对准，这才是我们所见到的景物。

（二）视觉错觉产生的脑神经机制

为什么会产生视错觉，关于这个问题，目前还没有一个统一的解释。我们已知外部世界的图像通过眼睛的折光系统投射到视网膜上这一步骤是十分忠实于光学原理的。但是当外部图像在视网膜上被转换成电信号并进入大脑之后，皮质对于图像信息进行了进一步的解读。大脑并非是被动地记录进入眼睛的视觉信息，而是主动地寻求对这些信息的解释，我们看见的东西并不一定存在，而是我们的大脑认为它存在。看是一个主动的构建过程，你的人脑可根据先前的经验和眼睛提供的有限而又模糊的信息作出最好的解释。在很多情况下,它确实与视觉世界的特性相符合,但在另一些情况下,盲目的"相信"可能导致错误。

2019年2月19日，《神经科学杂志》期刊在线发表了题为《随着光流：真实光流运动向错觉光流运动转换的脑神经机制》的研究论文。该研究由中科院神经科学研究所、脑科学与智能技术卓越创新中心、神经科学国家重点实验室和中科院灵长类神经生物学重点实验室视知觉脑机制研究组完成。该成果揭开了视觉错觉的冰山一角。

光流运动（flowmotion）视觉错觉包括旋转错觉、收缩和扩张错觉以及螺旋运动错觉。结合心理物理实验和脑功能磁成像技术，王伟课题组通过与其他课题组的前期合作，首先揭示了旋转运动错觉的表征区域问题，他们发现编码真实旋转运动的人内颞上区（MST）也能够编码错觉旋转运动。

以此为基础，王伟课题组及其同事进一步探索了真实光流运动向错觉光流运动转化的脑神经生理机制。这种信息转化机制的阐明能够帮助人们更好地理解视觉信息在不同等级脑区之间的传递过程以及从局部到整体的视觉信息整合的加工原理。

（三）展品现象分析

展品之所以能产生以相同速度运动的色块在条纹背景中看起来速度不一致的现象（图4），是因为在色块的运动过程中，色块交替进入相近颜色的条纹（黄色和浅灰色相近、蓝色和黑色相近）。在进入的瞬间，色块边界看起来比较模糊，人眼无法立刻确认色块的边界位置，而色块在持续运动，当色块进入不相近颜色的条纹时，因颜色差异，使色块的边界瞬间清晰，人眼立刻确认了色块的边界位置，由于之前在相近颜色条纹中丢失位置产生的迟滞，使人眼观察到的结果就是色块突然向前快速移动了一下，黄色和蓝色色块在黑色和浅灰色条纹中持续运动，不断重复上述过程，就形成了我们看到的两种色块速度不一致且交替在前的现象。

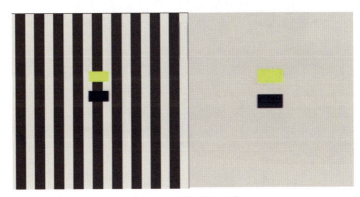

图 3-36　观察效果示意

四、应用拓展

目前，视错觉现象已经广泛应用于艺术、建筑、设计、广告、广告营销、服装搭配、电影游戏等我们生活中的方方面面。为了研究形成视错觉的神经机制，科学家们不光在人身上开展心理物理实验和磁共振扫描研究，还进行大量的动物生理学实验，不断挖掘各种错觉现象更深层次的生理基础。开展视错觉的研究，不光是我们理解人类视觉系统的有效途径，更是我们窥探大脑奥秘的窗口。

图 3-37　展品"神奇的视错觉"实物图

五、创新与思考

展品的创新点在于采用了动态的形式展示颜色引起的视错觉,设计了一种套筒结构,利用机械模拟的形式展示视错觉。这种形式相较于一般视错觉展品采用图文或视频的展示形式,无使用软件处理画面的嫌疑,观众可通过自己动手操作对比和思考视错觉现象的成因,展示效果更为明显。

展品研制成功后进行了一次改进,最初的设计形式是提拉式的,观众需要通过提拉筒体来实现条纹背景和纯色背景的切换,这种形式最大的缺点就是亚克力筒体的重量比较大,只有成年人可以提拉并且比较费力,虽然展示效果明显,但是体验并不友好。改进后变为按压式，筒体重量不变，却非常省力，缺点是展品的观察区域从筒体的中间变为相对靠下的位置，筒体整体不再对称，看起来不太美观。

六、团队介绍

项目团队成员主要来自长春中国光学科学技术馆技术研保处，该部门于2016年成立，2017年开展科普展览展品的开发业务，现有成员13人，本科以上学历占92%，硕士及以上学历11人，其中2人在攻读博士学位。目前有7人在从事科普产品的开发工作，已具备从策划设计到生产制作的全部能力。团队人员分工如表3-1所示。

表 3-1　主创人员分工

人员		职责分工
项目主创人员	夏　腾	展品创意，方案设计
	刘　航	技术设计
	高俊岩	文案策划
	陈霄龙	结构设计
	邢　冲	结构设计
	王英鸿	外观设计
	张恒煦	技术设计
指导专家	石晓光	长春理工大学，教授、博士生导师

项目单位：长春中国光学科学技术馆

文稿撰写人：夏　腾

神奇的隐身与透视

一、展品描述

生活中常见的光学现象通常是由来自太阳或月球的光与大气、云、水、灰尘和其他粒子相互作用。一个常见的例子是彩虹，它是来自太阳的光被水滴折射和反射形成的，又如海市蜃楼，这些自然现象都与折射有关。

二、展示方式

展品由台面以上的亚克力水槽部分和台面以下的水箱和水泵部分构成，通过水泵的抽水和放水控制亚克力水槽水面的上升和下降，为观众展示水槽中间物体的隐藏和后部物体的透视效果。

（一）结构与组成

展品主要包括人造石台面以上的观众观察区和台面以下的设备区。观众观察区包括亚克力水槽及其内部的进水口、出水口、溢水口和观众操作按钮；设备区包括水箱、潜水泵、水路和电器设备。

图 3-38　展品"神奇的隐身与透视"实物图

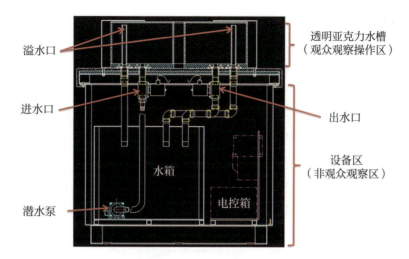

图 3-39 展品"神奇的隐身与透视"结构图

（二）操作与体验

观众通过按钮控制水箱中的水流入亚克力水槽及流回水箱中。当亚克力水槽中没有水时，在正前方观察位可以观察到，前方的物体挡住了后方物体；当亚克力水槽中充满水时，在正前方观察位可以透过前面的物体，直接观察到后方的物体。

图 3-40 展品"神奇的隐身与透视"观察水箱部分

三、科学原理

折射现象是指当光由一种介质斜射入另一种介质时,在界面上部分光发生偏离原来路线而与原来路线产生夹角的现象。

展品运用光的折射现象,通过巧妙地设置观察位置,使得观众可以透过前方红色物体,观看到后方的紫色物体。

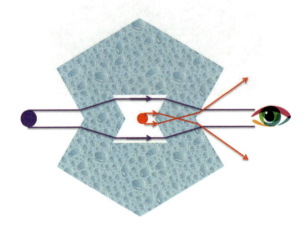

图 3-41　光的折射示意图

四、应用拓展

(一)解释大自然中的现象

夜晚仰望星空,会看到繁星闪烁,这其中的原因就是,地球周围的大气层的疏密程度是不均匀的,星光通过大气时会发生折射现象,由于大气的不断变化,疏密程度也在不断变化,因此星光的折射也始终在发生变化,星光时而进入我们的眼中,时而不会进入眼中,因此出现闪烁现象。

夏天,在平静无风的海面上,眺望远方,有时能看到楼台、亭阁、庙宇等出现在远方空中,这种现象被称为海市蜃楼,这是由于光在密度分布不均匀的空气中传播时发生全反射而产生的。

(二)在生活中的应用

磨砂玻璃虽然透光,但却不像普通玻璃那样透明,这是因为当光线进入玻璃和从玻璃中透过时都要发生折射。若玻璃的两面都是光滑的，则光线在两个面上的折射都是规则的，因此，隔着玻璃可以清晰地看到后面的物体。而磨砂玻璃有一个面很粗糙，这个面使得光线发生无规则的折射，所以，隔着磨砂玻璃就看不到后面的物体了。

五、创新与思考

展品的创新点在于运用了中学所掌握的光的折射知识，使得观众观察到了奇妙的"隐身"和"透视"的现象，激发观众的兴趣，引起观众对于光学现象和原理的进一步思考。

六、团队介绍

丁　钊：临沂市科技馆副研究馆员，博士研究生学历。从事科技馆展览教育和展品研发等工作5年多时间。带领展教团队创作科学实验表演节目，在第五届全国科技馆辅导员大赛、第五届全国科学表演大赛上获得佳绩。带领展品研发团队自主创新研发展品，在第一届全国科技馆展览展品大赛、2018中国国际科普作品大赛中获得佳绩。

胡　波：临沂市科技馆副馆长、副研究馆员，2009年到科技馆工作以来，长期担任建设、改造、布展等项目组组长，擅长内容建设总体规划与实施、运营管理、展教活动研发与实施等。

陈　亮：临沂市科技馆副研究馆员，硕士研究生学历。2009年到科技馆工作以来，主要从事展馆布展设计、展品研发与维护等工作，参与和协助建设市、县、社区等科技馆多个。在国家级期刊发表科技馆方向论文多篇，获国家发明专利2项，实用新型专利多项，出版论著1本，主持和参与市级科研课题3项，其中2项获科技进步二等奖。

周增智：临沂市科技馆科员，大学本科学历，网络工程专业。从事科技馆科普影院运营管理和展品研发等工作6年时间。多次参与自然博协组织举办的初级放映员培训班并获得相关认证证书。参与研发创作的展品在第一届全国科技馆展览展品大赛获得三等奖。

项目单位：临沂市科技馆
文稿撰写人：丁　钊

颜色之谜

一、展品描述

展品"颜色之谜"为互动展项,展示一种视错觉现象,由长春中国光学科学技术馆独立研发并制作。通过观察对比两侧滚筒上的颜色变化,了解"空间距离"对人眼识别相近颜色的影响。此展品向参观者展示了存在空间距离的条件下,人眼无法直接识别两相近颜色,直观认为是同一种颜色,给参观者以眼见并非为实的错觉体验。

图 3-42 展品"颜色之谜"实物图

二、展示方式

通过转动展品转盘,观察空间距离对人眼识别相近颜色的影响,体验视错觉现象。

图 3-43 展品"颜色之谜"效果图

（一）结构与组成

展品组成包括一个落地展台、一个桁架、一件互动展品。互动展品包括底部支架、转盘、挡条、右侧颜色滚筒、左侧颜色转筒、解密挡板。

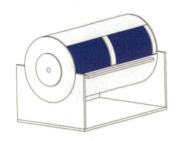

图 3-44　展品非解密状态效果图

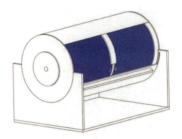

图 3-45　展品解密状态效果图

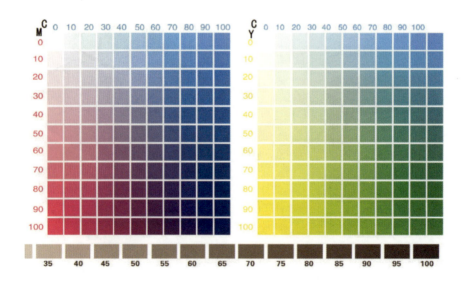

图 3-46　标准色卡图

（二）操作与体验

（1）参观者转动单侧转盘，单侧内滚筒随之转动。

（2）人眼通过颜色的不断转动变换，可以很容易地分辨5种不同的蓝色。

（3）参观者固定一侧转盘不动，旋转另一侧滚筒。

（4）对比观察两滚筒上颜色的变化后会发现，固定不动的蓝色与另一侧连续转动的相邻两种蓝色看起来都一样，与其他转动的颜色不一样。

（5）下拉解密挡板，通过编号识别看起来一样的蓝色的区别，每一种编号代表一种蓝色。

（6）上提解密挡板，不看编号，再一次尝试找找相同的颜色吧，你能找对吗？

三、科学原理

颜色的形成是由于光照射到彩色物体表面，经反射后射入人眼，再将信息传递至大脑，大脑结合我们的生活经验，并将信息处理后，产生一种对光的视觉效应。

人眼对颜色的分辨主要受生理因素和环境因素所影响。其中，生理因素是识别颜色的基因，如果先天基因的缺陷，会导致人眼不能准确地分辨颜色，出现色盲、色弱。环境因素有很多影响因素，比如亮度和空间距离。

（1）亮度　在白天光照充足，亮度足够的条件下，人眼可以分辨出颜色的不同；但在夜晚，没有光照，且亮度不足的条件下，人眼则不能分辨颜色，所见到的物体皆为黑白两色。

（2）空间距离　极为相近的两种颜色，若其空间距离较远，人眼很难分辨出它们的不同；若其空间距离较近，则很容易分辨。

四、应用拓展

视错觉就是当人观测物体时，基于经验主义或不当的参照形成的错误的判断和感知。观察者在客观因素干扰下或者自身的心理因素支配下，会对图形产生一种与客观事实不相符的错误的感觉。

视错觉并不是神秘不可探讨的科学，而是我们生活中常常遇到的奇妙现象，其中的原理运用到实际生活中后，它的独特魅力更加彰显，如绘画艺术、服装及搭配、游戏等。

五、创新与思考

展品在设计时，仅仅考虑了观众的视觉体验，并未在真实数据上让观众对此科学现象深入了解，缺少定量分析。

如展品采用遮挡条的方式，使两相近色间产生空间距离，使人眼无法识别相近颜色的视觉现象。但两相近色究竟在具体多少数值的"空间距离"下，会使人眼产生此视觉现象，而在色差较大的相近色之间，此空间距离又需增加到多少人眼可观看到此视错觉现象，并未做出真实展示。

在展品的后续升级中，应考虑通过全新的展示结构及互动方式，将相近色与空间距离间的关系，以定量分析的形式展示出来。

六、团队介绍

项目团队成员主要来自长春中国光学科学技术馆技术研保处，该部门于 2016 年成立，2017 年开展科普展览展品的开发业务，现有成员 13 人，本科以上学历占 92%，硕士及以上学历 11 人，其中 2 人在攻读博士学位。目前有 7 人在从事科普产品的开发工作，已具备从策划设计到生产制作的全部能力。团队人员分工如表 3-2 所示。

表 3-2　主创人员名单

人员		职责分工
项目主创人员	王英鸿	展品概念，方案设计
	夏　腾	总体校对
	刘　航	技术设计
	高俊岩	文案策划
	邢　冲	结构设计

续表

人员		职责分工
项目主创人员	陈霄龙	结构设计
	张恒煦	技术设计
指导专家	石晓光	长春理工大学，教授、博士生导师

项目单位：长春中国光学科学技术馆

文稿撰写人：王英鸿

优秀奖获奖作品

FAST 主动反射面结构

一、展品描述

500米口径球面射电望远镜，简称 FAST，又被形象地称为中国"天眼"，是具有我国自主知识产权、世界最大单口径、最灵敏的射电望远镜。它是由主动反射面系统、馈源支撑系统、测量与控制系统、接收机与终端及观测基地等部分组成。其中主动反射面系统，也是我们平常说的"大锅"，它是怎么接收来自宇宙的信号，整个表面又是怎么变形的？这个展品就可以回答观众的疑惑。选择主动反射面的一个单元，通过该单元的细节放大展示，帮助观众深刻了解主动反射面变形的过程。在参观展品的同时，更能感受我国科技的进步，激发观众的自豪感。

二、展示方式

展品通过一个节点盘的变形展示 FAST 主动反射面的变形过程。参与互动的观众，可以观察主动反射面单元的结构，并操纵摇杆，观察节点盘的运动方式及反射面的变化。

（一）结构与组成

展品主要由主动反射面单元、

图3-47　展品"FAST 主动反射面结构"效果图

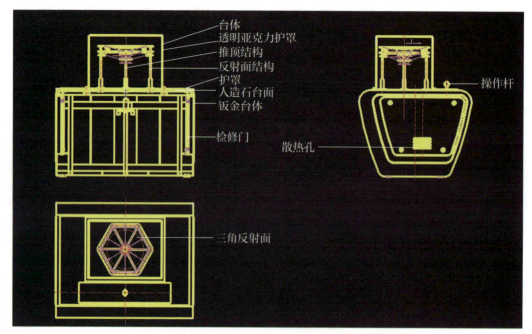

图 3-48 展品"FAST 主动反射面结构"结构图

节点盘、钢索、下拉索、促动器等构成。促动器底端连接台面,促动器上端连接下拉索一端,下拉索的另一端连接下节点盘。下节点盘与 6 根钢索连接,起到支撑作用。下节点盘连接上节点盘。上节点盘与周边 6 个主动反射单元相连,连接分串动、轴动、二维平动三种方式。与节点盘连接的是主动反射单元的背架,背架上安装有主动反射面板。

(二)操作与体验

(1)观众观察展品的组成,该展品主要组成部分为反射面单元、节点盘、下拉索、钢索及促动器等。

(2)观众控制操作杆,带动下拉索运动,从而导致节点盘、主动反射单元运动,完成 FAST 球面的变形过程。

(3)观众观察 FAST 反射面变形的过程,了解变形过程中反射面、节点盘、钢索、节点盘与周边反射面连接点的变化。

三、科学原理

500 米口径球面射电望远镜的反射面是一个球面，经过球面反射的电磁波汇聚成一条线，而并不是汇聚在一个点上；抛物面是有焦点的，经过抛物面反射的电磁波可以汇聚在焦点上。FAST 的馈源舱就是一个处于焦点的接收装置，所以 FAST 在工作时，需要将球面变形为抛物面。而经过测算，500 米口径球面变形为抛物面，最大变形只有 1 米多点，完全在工程可实现范围内。因此，通过下拉索拉动节点盘带动反射面变形，从而形成一个抛物面，这样就可以将电磁波反射到一个焦点上，完成电磁波信号的接收。

四、应用拓展

可基于展品开展科学探究活动，引领青少年详细了解球面和抛物面的反射原理。

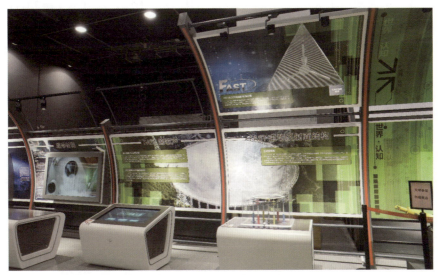

图 3-49　展品"FAST 主动反射面结构"实物图

五、创新与思考

在展品设计过程中，最初的设计是仿照 FAST 制作缩小模型，在模型上制作活动的单元，展现球面到抛物面的变化。在模型上方悬挂模拟脉冲星的光源，当光源周期性扫过时,反射面将光源发射给馈源舱,馈源舱连接显示器,将信号显示出来。但在实际设计过程中,发现该展示方式过于复杂。为了解决这个问题,将 TRIZ 创新方法应用在该展品的设计和生产上。

首先使用分割法,化整为零,分别科普。将需要科普的内容从一件展品集中体现拆分为三件展品分别体现,即通过"FAST 主动反射面结构""FAST 馈源舱""FAST 的歌与画"三件展品来呈现它的功能和成果。

其次,化繁为简,以小见大。根据实地考察了解到,FAST 反射面是由基础的反射面结构组成的,每个反射面结构包括促动器、下拉索、节点盘(分上、下节点盘)、主动反射单元(由主动反射面板和背架组成)、钢索等。为了清晰地表现 FAST 的变形过程,推翻了弹性膜下拉变形的方案,而是将 FAST 的球面变形的最小结构单元真实地呈现出来。对于节点盘与主动反射单元连接的"串动""轴动""二维平动"方式做了详细呈现;对于钢索、背架的支撑做了仿真处理;对于主动反射面板,由于是缩小模型,不能表现面板的特征,从而使用了实物增强展示效果。通过以上措施,让观众了解到,FAST 球面变形时各部分的变化过程,以及 FAST 主动反射面板的真实情况。

六、团队介绍

项目团队成员主要来自中国科学技术馆,团队成员分工如表 3-3 所示。

表 3-3 主创成员分工

主创人员	职责分工
张华文	展品创意、设计、技术监督
李志忠	项目统筹、协调联络工厂
李 博	外观设计、理论验证
张志坚	协调联络工厂

项目单位:中国科学技术馆

文稿撰写人:张华文

扬声器原理

一、展品描述

电话听筒、耳机、喇叭等都是我们生活中常用的工具，它们将电流信号转换为声信号使我们能够听到，而我们对其内部结构和工作原理则知之甚少。

展品以机电互动的形式展示电流信号是如何转换为声音信号而被人耳听到的。

展品包括两部分，一部分为原理展示部分，另一部分为探究性学习部分。

原理展示部分主要包括铁皮容器、线圈、音频播放器等装置。观众在参与过程中，当拿起铁皮容器会发现自己不能听到音频播放器发出的声音，而当把容器放到初始位置则能听到音频播放器发出的声音，同时能感受到铁皮容器在振动。

探究性学习部分主要包括线圈、音频播放器、磁铁，以及各种生活中常见的用具如纸杯、茶叶盒、纸张、外卖包装盒等。互动时，观众打开音频播放器，使用磁铁对夹吸附常见用具，将其放入线圈内部，会发现不同的用具产生的扬声效果不同。

使观众在有趣的体验中学习到电流信号是如何转换为声音信号的。

二、展示方式

当音频播放器播放音乐时，音频线圈内的电流会不断变化，音频电流的变化使线圈产生的磁场大小和方向也在不断变化。

与铁皮容器或试音器具相连的磁铁会产生一个恒定不变的磁场，其与音频线圈产生的磁场会相互作用，从而使铁皮容器或试音器具产生振动，进而推动空气发生振动。空气的振动刺激人内耳的鼓膜，最终刺激内耳神经，声音就被听到。

图 3-50　展品"扬声器原理"效果图

（一）结构与组成

展品主体由展台、绕线锥度管、线圈、铁皮容器组件、音频播放器、试音器具等组件构成。台面上设置两个绕线锥度管，线圈由音频线在锥度管四周绕成，线圈外围安装护罩，用于保护线圈。其中一个线圈中设置铁皮容器组件，由铁皮容器和磁铁组成，磁铁固定于铁皮容器底部，磁铁由护罩保护；另外一个线圈周边设置若干磁铁和试音器具，试音器具中包含了日常生活中常见的用具，如纸杯、饮料瓶、纸张、茶叶盒、啤酒瓶等，用于展示不同介质对扬声器效果的影响。

线圈旁分别设置音频播放器，其作为自动播放模式下展项的声源，还分别设置两个音频外接接口，观众可以通过接口将自身携带的手机或其他音乐播放器的音乐接入系统中。

（二）操作与体验

1. 展品左侧

（1）点击"自动播放"按钮，启动播放器；或点击"外接音频"按钮，将自身携带的音乐播放器接入系统，聆听音乐响起。

（2）感受铁皮容器的振动，将它从线圈中拿出，感受声音的变化。

2. 展品右侧

（1）点击"自动播放"按钮，启动播放器；或点击"外接音频"按钮，将自身携带的音乐播放器接入系统。

（2）任选一种器具，尝试用两块磁铁夹住器具并放入线圈中，感受器具的振动和声音的变化，探究不同器具的发声效果。

三、科学原理

扬声器是一种把电信号转变为声信号的换能器件，扬声器的性能优劣对音质的影响很大。扬声器的种类繁多，而且价格相差很大。音频电能通过电磁、压电或静电效应，使其纸盘或膜片振动并与周围的空气产生共振（共鸣）而发出声音。

扬声器有许多种类，但其基本的工作原理是相似的，均是一种将电信号转换为声音信号进行重放的元件。按照换能机理和结构可以分为电动式（动圈式）、静电式（电容式）、压电式（晶体或陶瓷）、电磁式（压簧式）、电离子式和气动式扬声器。

电动式扬声器具有电声性能好、结构牢固、成本低等优点，应用广泛，它主要由振动膜、音圈、永久磁铁、支架等组成。

当扬声器的音圈通入音频电流后，音圈在电流的作用下便产生交变磁场，永久磁铁同时也产生一个大小和方向恒定不变的磁场。由于音圈所产生磁场的大小和方向随音频电流的变化而不断变化，这样两个磁场的相互作用使音圈做垂直于音圈中电流方向的运动，由于音圈和振动膜相连，从而带动振动膜产生振动，由振动膜振动引起空气振动，空气的振动刺激人内耳的鼓膜，最终刺激内耳神经，声音被听到。当输入音圈的电流越大，其磁场作用力越大，振动膜振动幅度就越大，声音则越响。扬声器发出高音的部分主要在振动膜的中央，当扬声器振动膜的中央材质越硬，则其重放的声音效果越好。扬声器发出低音的部分主要在振动膜的边缘，如果扬声器振动膜边缘较为柔软且纸盘口径较大，则扬声器发出的低音效果越好。

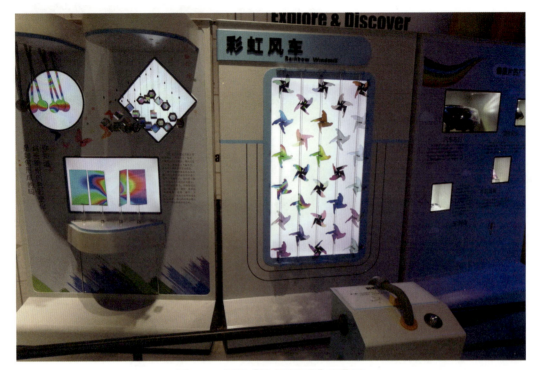

图 3-51 展品"扬声器原理"实物图

四、创新与思考

展品以人们日常生活中常用的耳机、电话听筒、喇叭、音响等器件为研究对象,依据"电信号如何转换为声音信号而被人听到"的原理,制作一个简易装置进行展示,让观众在有趣的互动中体验到科学的乐趣,进而深入了解电信号是如何向声信号转换的。

五、团队介绍

翟　咏:青海省科技馆副馆长。
文　宁:青海省科技馆综合部主任。
裴亚普:青海省科技馆技术保障部工程师。

项目单位:青海省科学技术馆
文稿撰写人:裴亚普

等周长几何面积比一比

一、展品描述

展品为纯机械类互动展品、原创展品,主要讲述等周定理的巧妙证明方法和感受等周长几何图形面积的直观对比。

游客通过参与展品互动,感受等周定理的简单证明,体会该定理在现实生活和大自然中无所不在的自然运用。

二、展示方式

展品通过机械互动和图文展示等周定理。

展品立板安装有三个几何滴漏互动装置,分别是"圆形-正三角形"滴漏、"圆形-正方形"滴漏、"圆形-正五边形"滴漏,游客可通过转动转盘,观看滴漏演示,感受各类几何图形面积的巧妙比对。

展品立板背部安装有等周定理证明的"施坦纳三步证明法",游客可通过观看图文板,感受科学家的奇思妙解。

图 3-52　展品"等周长几何面积比一比"实物图

（一）结构与组成

展品主要有滴漏装置、转盘互动装置、展示台体组成。

(1) 滴漏装置　采用 5 毫米进口亚克力激光切割，内注滴漏专用油。演示图形圆、三角形、四边形、五边形的周长相等，各滴漏图形的厚度都为 15 毫米，每个滴漏液量刚好注满圆形图案。

(2) 转盘装置　不锈钢焊接，表面烤漆。为增强游客体验，设置阻尼装置，阻尼大小可调节；各转盘需保证操作空间，能 360°旋转。

(3) 展示台体　木架结构，表面密度板烤漆，底部加装万向轮便于运输。

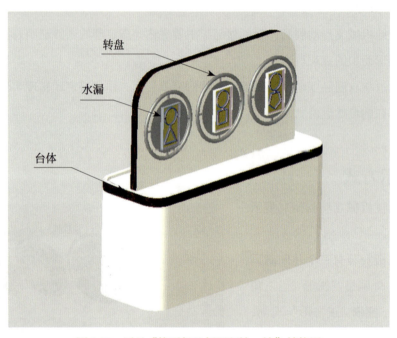

图 3-53　展品"等周长几何面积比一比"结构图

（二）操作与体验

游客通过观看图文版，了解等周定理的巧妙证明方法。

游客通过参与展品互动，了解等周几何图形面积的比对。

(1) 游客分别转动转盘，使三个滴漏的圆形图形位于下方，等待注液完成。

(2) 游客分别将滴漏倒转，使三个滴漏的圆形图形位于上方，等待注液完成。

（3）游客观察结果，得出结论：周界长度相等的封闭几何图形的面积大小排序为：圆 > 五边形 > 四边形 > 三角形。

三、科学原理

（一）等周定理

等周定理又称等周不等式，是一个几何中的不等式定理，说明了欧几里得平面上的封闭图形的周长以及其面积之间的关系。其中的"等周"指的是周界的长度相等。等周定理说明在周界长度相等的封闭几何图形中，以圆形的面积最大。

等周定理的定义：

P 若为封闭曲线 C 的周界长，A 为曲线 C 所包围的区域面积，则有 $4\pi A \leqslant P^2$，式中等号当且仅当是圆时成立。

这个等周不等式不仅说明了等周长 P 的所有平面简单闭曲线中，圆周围成的面积最大（等面积的单连通区域中，圆的边界最短），而且说明了周长 P 与面积 A 之间的关系，即周长的平面简单封闭图形所围成的面积 A 不超过 $P^2/4\pi$。

等周定理从发现到证明耗费了人类两千多年的时间，又是数学史上被证明次数最多的定理之一。它在数学发展史上占有重要的地位，对变分法的产生和发展起了重要作用。

（二）展品设计面积比对原理

设滴漏液体容量为 $V_{液}$，各几何图形面积为 $S_{几何图形}$，厚度为 $D_{厚度}$，剩余液体容量为 $V_{剩余}$，那么 $S_{几何图形} = (V_{液} - V_{剩余})/D_{厚度}$。因为各滴漏的 $V_{液}$ 和 $D_{厚度}$ 都是一样的，那么谁剩余的液量多，谁的面积就越小。

四、应用拓展

（一）大自然中的等周定理

为什么绝大多数植物的根和茎的横截面是圆形的？世界上所有的生物为了生存，总是朝着对环境最有适应性的方面发展的，植物也是如此。圆形树干、树枝、植物茎中导管和筛管的分布数量要比其他形状的多得多，这样，圆形植物茎输送水分和养料的能力就要大，更有利于植物的生长。

（二）我们身边的等周定理

为什么生活中所见的管道、电线、水桶、热水器、储水器的横截面也是圆形的？这是因为，用同样多的材料，圆形的截面积最大，这样在同等条件下流量和容积就可以达到最大化。

大家想一想，我们周边还有哪些等周定理的实际运用呢？

五、创新与思考

（一）等周定理的简易证明（施坦纳三步证明法）

1. 引理一

要使图形面积最大，图形必须是凸的。

否则我们可以把凹进去的部分对称翻出来增大面积。

如图：

2. 引理二

平分图形周长的两点连线，必然也平分图形面积。

否则我们可以用面积大的一部分替代面积小的部分来增大面积。

如图：

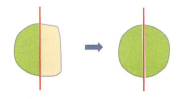

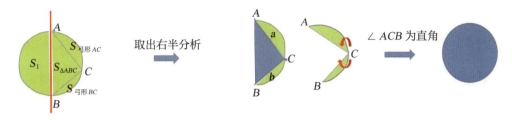

$S_1 = S_{\triangle ABC} + S_{\text{弓形}AC} + S_{\text{弓形}BC}$

为了保持周长不变，不改变曲线 AC 和曲线 BC 的形状，故 $S_{\text{弓形}AC}$ 和 $S_{\text{弓形}BC}$ 也保持不变，使弓形 AC 和弓形 BC 绕 C 点做开合运动，根据正弦定理推广公式 $S_{\triangle ABC} = \frac{1}{2} ab \sin \angle ACB$，要使图形面积最大，则 $\angle ACB$ 为直角。满足此条件的只有圆。

3. 引理三

平分周长的两点 A 和 B，对于在曲线上任何一点 C，$\angle ACB$ 都必须为直角。

（二）展品待改进的地方

（1）展品台体　材料有待提升，若采用钣金烤漆和人造石台面，质感将明显提升。

（2）滴漏装置　目前滴漏效果灵动性不足，不够吸引游客。

（3）原理证明　滴漏装置几何图形形状在保证周长不变的情况下，如能由游客随意改变几何形状，展品效果和体验将会明显提升。

六、团队介绍

宁波科学探索中心配备一支专注于展览展示工程的技术团队，聚集了一批有创意、有担当、经验丰富的专业技术人才，致力于展示场馆设计策划及一体化工程、创意展品设计制作、主题临展、展馆运维。团队成立以来，累计设计/施工展厅面积超1万平方米，累计设计/施工展厅总额超1亿元，年活动场地管理数量超40场，业内专业供应商资源100余家，核心团队成员平均设计经验8年。

表 3-4　项目团队成员介绍表

姓名	学历/职称	专业	本项目中承担的职责
杨　阳	硕士研究生/工程师、经济师	控制理论与控制工程	项目管理
王　斌	本科/—	工业设计	方案设计，平面设计
陈　刚	本科/工程师	机械设计制造及其自动化	机械设计，制作管理

项目单位：宁波科学探索中心管理有限公司

文稿撰写人：杨　阳

立体磁力线

一、展品描述

展品中磁铁的周围设置有多层盛有彩色铁条的亚克力盒,观众转动手轮,改变磁铁的方向,使得周围磁场发生变化,铁条的分布会随着磁场的变化而发生改变,从而描绘出磁铁周围的磁力线。

图 3-54 展品"立体磁力线"效果图

二、展示方式

展品通过机械互动的方式使彩色铁条将虚拟的磁力线形象地描绘出来,从而展示磁铁周围磁场的分布,以及磁力线的相关知识。

(一)结构组成

展品主要由展台、磁铁、手轮、彩色铁条、护罩等组成。

(二)操作与体验

观众转动手轮,手轮带动机械传动从而观察磁铁周围磁场磁力线的分布。

三、科学原理

磁力线又叫磁感线,是形象描绘磁场分布的一些曲线。人们将磁力线定义为处处与磁感应强度相切的线,某点磁感应强度的方向与该点磁力线切线方向相同,其大小与磁力线的密度成正比。

磁感线是闭合曲线。物理学中把小磁针静止时N极所指的方向规定为该点磁感应强度的方向。磁铁周围的磁感线都是从N极出来进入S极,在磁体内部磁感线从S极到N极。磁力线是人为假设的曲线。磁力线有无数条,其分布是立体的,所有的磁力线都不交叉。

四、应用拓展

可基于本展品开展科普活动或者科学课活动,带领儿童或者青少年学生,详细了解磁力线在空间全方位的分布状态。

五、创新思考

展品突破传统设计思路,通过互动改变彩色铁条的空间分布,来描述磁力线,立体形象地展现出磁体周围磁场分布的情况。

六、团队介绍

孙燕生：山西省科学技术馆设计部主任，从事展览策划及设计，该展品设计负责人。

魏晋军：山西省科学技术馆设计部工程师，从事展览策划及设计，负责该展品方案指导。

吴翠玲：山西省科学技术展教中心馆员，从事展览策划及设计，负责该展品形式设计。

项目单位：山西省科学技术馆

文稿撰写人：孙燕生　魏晋军

卷

一、展品描述

展品以自动演示的方式进行展示。展品主要由一系列连杆机构组成,在电动支撑杆的带动下,使装置卷起或舒展。参与者观看演示,感受机械传动之美。

图 3-55 展品"卷"效果图

二、展示方式

观看展品中的装置自动卷起和舒展，感受机械结构的艺术和魅力，并思考其中的科学原理。

（一）结构组成

钣金油漆框架、钢化玻璃护罩、电动支撑杆、连杆机构。

（二）操作与体验

观看展品中的装置自动卷起和舒展。

三、科学原理

机械传动在机械工程中应用非常广泛，主要是指利用机械方式传递动力和运动的传动。一般可分为两类：一是靠机件间的摩擦力传递动力和运动的摩擦传动。摩擦传动容易实现无级变速，大都能适应轴间距较大的传动场合，能起到缓冲和保护传动装置的作用。二是靠主动件与从动件啮合或借助中间件啮合传递动力或运动的啮合传动。啮合传动能够用于大功率的场合，一般要求较高的制造精度和安装精度。

连杆机构又称低副机构，是机械组成部分中的一类，指由若干（两个以上）有确定相对运动的构件用低副（转动副或移动副）连接组成的机构。

平面连杆机构是一种常见的机械传动机构，其最基本也是应用最广泛的一种形式是由四个构件组成的平面四杆机构。由于机构中的多数构件呈杆状，所以常称杆状构件为杆。由于低副（转动副和移动副）连接的两构件间是面接触，能承受较大的负荷，且耐磨损，结构简单，工作可靠，制造简便，易于获得较高的制造精度，故连杆机构广泛应用于各种机械和仪表中。

四、应用拓展

可基于展品开展科普活动或者科学课活动，带领儿童或者青少年学生，学习机械传动的原理，感受其表现出的魅力。

五、创新与思考

通过装置的自动演示，艺术地展现机械结构运动的科学原理，并表达了科技与艺术之美的巧妙结合。

六、团队介绍

孙燕生：山西省科学技术馆设计部主任，从事展览策划及设计，该展品设计主要负责人。

魏晋军：山西省科学技术馆设计部工程师，从事展览策划及设计，负责该展品方案指导。

吴翠玲：山西省科学技术展教中心馆员，从事展览策划及设计，负责该展品形式设计。

项目单位：山西省科学技术馆

文稿撰写人：孙燕生　魏晋军

炫彩光球

一、展品描述

　　早在西汉末年（公元1世纪），勤劳聪慧的中华民族已使用类似万向支架结构，应用到实际生活中，创造出了"卧褥香炉"（是古代用来熏香衣被的奇巧器具。因装置的两个环形活轴的小盂，重心在下，利用同心圆环形活轴起着机械平衡的作用，故无论熏球如何转动，只是两个环形活轴随之转动，而小盂能始终保持水平状态，使小盂中盛放点燃的香料，不致燃烧衣被），也是现今在各领域广泛运用的陀螺仪的原型。以此原型，研发的"炫彩光球"展品结合视觉暂留的现象、运行轨迹的数学原理等知识，通过三个线性调速开关分别控制LED灯盘在3个轴向上的转动速度、灯光颜色，使展品产生绚丽多样的光学轨迹效果，激发观众的好奇心和求知欲望。

二、展示方式

　　展品为圆角方形展柜，柜面顶部安放可升降展示玻璃柜，台面有数字控制平板（电子说明牌）。平板可以控制展示玻璃柜的升降状态、主电机转速、灯光颜色和闪烁位置等。

　　观众可以根据设想数值调节控制开关，观察灯光轨迹变化。经过观察判断，调节光线轨迹达到自己预想的图案。

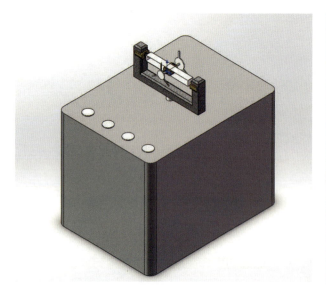

图 3-56　展品"炫彩光球"效果图与控制器软件界面

（一）结构与组成

展品包括展示机柜、可升降中央展示玻璃柜、基础控制电路、旋转展示机构、电子控制器（含蓝牙控制功能）。

展示机柜除了满足容纳展品主要结构和便于操作、维护的要求外，还便于拆卸、组装成箱体，以便运输；基础控制电路用以控制展品持续运转时长，其所含元器件便于更换，以利维护、维修；旋转展示机构承担展品主要展示功能，其结构稳固、简洁，整体耐用、可靠。

（二）操作与体验

观众通过按动台面控制器，控制展示柜中央的 LED 灯亮起，分别呈红、绿、蓝三色；观众调节 3 个无级调速开关，分别控制 3 个轴向的旋转速度，当中心轴向开始转动时，呈现白色光圈，中间轴向加入转动时将出现波浪形或倒 8 字形各色线条，当最外圈轴向再加入转动时，则呈现色彩斑斓由多种线条组成的光球。

三、科学原理

展品主要展现在万向支架中运转的 LED 灯盘所产生的光学轨迹效果，直观体验人眼的视觉暂留现象。而展现出的光线图形又反映了灯盘中的光点在空间中的运行轨迹，这些轨迹则是由 3 个轴向转动形成，揭示了其中多轴向转动系中光点运动轨迹的数学原理。转动结构则是采用的类万向支架结构，每个转动轴向均有电机驱动，展现万向支架的应用。

（一）视觉暂留

视觉暂留现象，是光对视网膜所产生的视觉在光停止作用后，仍保留一段时间的现象，其具体应用是电影的拍摄和放映。原因是由视神经的反应速度造成的，是动画、电影等视觉媒体形成和传播的根据。

视觉实际上是靠眼睛的晶状体成像，感光细胞感光，并且将光信号转换为神经电流，传回大脑引起人体视觉。感光细胞的感光是靠一些感光色素，感光色素的形成是需要一定时间的，物体在快速运动时，当人眼所看到的影像消失后，人眼仍能继续保留其影像 $0.1 \sim 0.4$ 秒，这就形成了视觉暂停的现象。

在展品运转时，独立红、绿、蓝三色光点不仅在视觉上形成线条状光带的视觉暂留效果，同时颜色也会由于视觉暂留进行相互叠加，形成更为多彩的线条。当各轴向转速调整适当时还可得到"静止的"图样，这也是转速与眼睛感受频率相适应的结果。

（二）万向支架

万向支架结构是在众多领域中都广泛应用的陀螺仪的基础结构。最先提出类似设计的，是文艺复兴时期的大画家、科学家达·芬奇，已较我国晚了 1000 多年，西汉末（公元 1 世纪）巧工丁缓的"卧褥香炉"是世界上已知最早的常平支架，其构造精巧，无论球体香炉如何滚动，其中心位置的半球形炉体都能始终保持水平状态。镂空球内有两个环互相垂直且可灵活转动，炉体可绕三个互相垂直的轴线转动，其原理与现代陀螺仪中的万向支架相同。

但遗憾的是，这项杰出的创造，在我国仅应用于生活用具。16 世纪，意大利人希·卡丹诺制造出陀螺平衡仪并应用于航海上，使它产生了巨大的作用。现代的飞机、导弹和轮船不论怎样急速在空中或海上运动，都能辨认方向，这是由于安装了陀螺仪的缘故。

 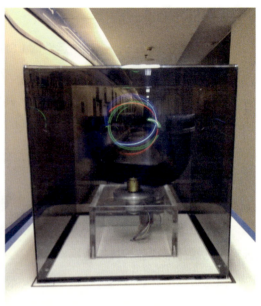

图 3-57　展品"炫彩光球"实物图

四、创新点

展品在展示内容上创新结合了结构科学、数学及视觉暂留这三方面的内容。在展示形式上不仅满足观众在视觉上的体验和观察的需要,还分别提供了3个轴向运转速度的可调操作,在参与展品互动中能够更多地尝试调整各轴向转速,从而形成更多样、炫目的图形效果。在技术上展示机构整体将采用3层复合硬质电路板来制作,结构轻便坚固,使得驱动电机的负载有效减小,转速可调范围较大。

此外,电路板中间层将制作成导电线路,从外观上来看基本完全没有裸露线路,转动连接部分的电路转接则采用技术上成熟可靠的导电滑环来进行转换连接。

在展品机箱设计上则采用可分体套嵌的设计形式,便于收纳、运输。展品展示玻璃罩壳在顶面、背面及两侧侧面均铺贴电致变色调光膜,正面则采用铺贴暗色膜或直接透明方式,有效调整展品展示运行时的环境亮度,提高展示效果。

五、经验与思考

（一）收获与体会

在比赛之前，技术团队搜集了大量科学史资料与技术资料，在作品构思方面召开了多次的头脑风暴会，最终决定使作品贴近生活，但又包含艺术气息，同时兼备科技属性，结合场馆日常运营中观众提出的好奇点与参观习惯，最终设计、制作完成了本展品。

通过此次大赛，使基层科普场馆的未来发展方向逐渐清晰：场馆不仅要做好科普教育活动，同时还需要重视展品、展项的研发与成果转化。只有加大力度鼓励展品的创新发明，才能够为科技馆摆脱千馆一面作出贡献。

（二）问题及建议

（1）参赛单位应区分组别，毕竟科普场馆的研发水平与展品制作厂家还有较大差距。

（2）比赛展品时间可适当延长，业内同行交流学习的机会难能可贵。

（3）参赛展品研发过程中需要重点考虑展品的便捷性与稳定性，同时也可以把展品的研发方向与流动馆展品转化相结合。

六、团队介绍

覃毅峰：展品技术部骨干，负责项目管理及实施。

刘　波：原广西科技馆副馆长，负责项目创意及实现。

马　毅：展品技术部骨干，负责项目创意及实现。

姚勇辉：展品技术部骨干，负责结构设计及实现。

沈　龙：展品技术部骨干，负责结构设计及实现。

毕　锋：展品技术部骨干，负责美工设计及监督。

项目单位：广西壮族自治区科学技术馆

文稿撰写人：郭子若

碰撞的涡环

一、展品描述

"碰撞的涡环"主要展示了涡环在运动过程中表现出来的一个有趣的现象。

按下按钮,接通电源。在展品在水箱两侧有两个涡环发射机构,同时发射出两个大小一样、密度相同、速度相同,而颜色不同的涡环。两个涡环正面相对飞行,碰撞在一起,碰撞后的涡环并没有相融消散,而是沿着两个涡环之间的碰撞面径向变成了一个大环,大环分裂成很多小环,然后消散在空气中,现象十分奇妙。

二、展示方式

展品的操作按钮上增加了控制灯。当观众按下按钮后,控制灯熄灭,展品发射出两个涡环进行对撞,然后蠕动泵工作,将红蓝溶液提升并注入发射器中,演示结束。这时控制灯会重新亮起,展品继续演示。

图 3-58 展品"碰撞的涡环"效果图

（一）结构与组成

展品分上下两部分，上部为一透明水箱，下部为一箱体。

在展品水箱外设置了一个Π型不锈钢装置，溶液管路、电源线路、照明装置等设备均隐藏在其中。这样，维修时可以打开装置；展示时，装置盖在水箱上，保证了展品的密闭性。

展品的控制电路、红蓝溶液盛放容器、水储存箱等放在下部的箱体里。

（二）操作与体验

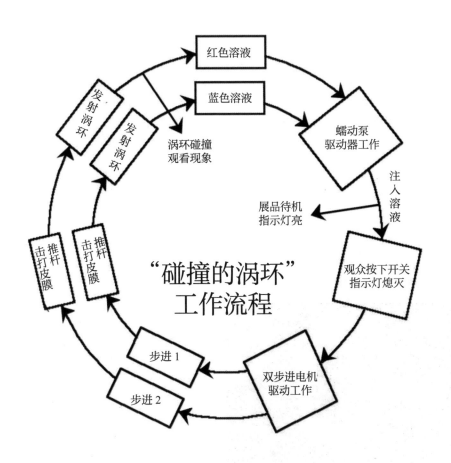

图 3-59 "碰撞的涡环"工作流程

三、科学原理

涡环，也被称为环形涡流，是流体或气体中圆环形状的涡流。涡环中最主要流动是环形的，更准确地说是极向的。

涡环具有两个特点：首先，涡环在液体和气体的湍流中很常见，但人们看不到，除非液体或气体的运动被混杂其中的悬浮粒子显示了出来。例如，生活中常见的烟圈就是典型的涡环 [图 3-61-（a）]；其次，涡环的运动方向和环平面是相垂直的 [图 3-61-（b）]，并且环内边缘的移动速度要比外缘的移动速度更快。在静止流体中，涡环可以携带着旋转的液体，行进相当长的距离。这就解释了为什么一个烟圈在外围的烟雾已经消散后还能够继续向前移动的原因。

碰撞在一起的两个涡环，背后蕴含着复杂的科学原理。简单一点来说，就是"两个转动方向相反的同轴涡环彼此靠近时，诱导速度的作用倾向于使每一个涡环扩大，随着两个涡环的相向运动，两个涡环沿轴线的速度都逐渐减小，而涡环的直径逐渐增大，直到两个涡环碰撞发生后，沿轴线方向的速度迅速变为零而涡环的直径急剧增大，随后大约在 4 倍初始直径外形成一系列的小涡环"（见图 3-60）。

（a）初始情况　　（b）两个涡环逐渐接近　　（c）两个涡环碰撞　　（d）产生小涡环

图 3-60　两个涡环碰撞示意图

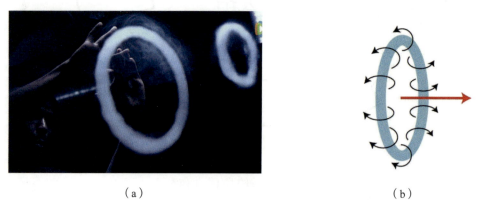

（a）　　　　　　　　　　　　　　（b）

图 3-61　涡环碰撞后分裂示意图

四、应用拓展

到现在,科学家们还没有完成认识到涡环碰撞的实际意义与应用。制作并展示这样一件展品,就是想让大家观看到这个有趣的、令人惊艳的现象,从而激发对科学的兴趣和思考,引导大家深入探讨相关理论内容和实际的应用。

图 3-62　展品"碰撞的涡环"比赛现场图

五、创新与思考

在展品制作过程中,出现了许多始料不及的问题,为制作带来极大困难。可以说,本展品是边做边修改,直至解决问题。

(一)水循环清洁系统

展品最初采用了五层活性炭加过滤棉来清洁水,但净化效果不理想。之后咨询了膜生产厂家,想用膜构件来清洁水,得到答复是:做过实验,膜不能将污染了墨水的水进行净化。就此问题我们又请教了大学的化学老师,能否不用化学方法净化污染的染料水?回复是很难。

最后我们只能易辙改弦,采用了化学方法:将酚酞加入氢氧化钠溶液里,液体呈红色;百里香酚酞加入氢氧化钠溶液,液体呈蓝色。水箱中加稀释后的冰醋酸,冰醋酸与氢氧化钠溶液发生中和反应，启动水循环系统后，红、蓝色会自动消融。

（二）雷诺数与展示效果

由于涡环的知识比较专业，了解该内容的专业人员并不多。我们经过多方查找，最终发现一篇论文《椭圆涡环相互作用的离散涡数值模拟》，并辗转向该论文作者请教，该作者给予我们专业上的指导，提出展示效果的好坏与雷诺数有关。雷诺数是表征流动的一个无量纲准则数，其数值越越小，展示效果越好。在本展品中降低雷诺数有三个方法：①增大活塞直径；②减小两个活塞之间的距离；③降低发射速度。

我们依据作者的指导对展品进行了整改，演示效果果然得到很大改善。

六、团队介绍

王尊宇：天津科技馆工作人员，长期从事科技馆理论研究、展区策划、展品研制开发等相关工作，展品创意设计者。

杨　镉：天津科技馆工作人员，长期从事展品研发、设计、制作工作，展品制作人员。

焦　彤：天津科技馆工作人员，长期从事展品制作工作，展品制作人员。

吕世真：天津科技馆工作人员，长期从事科学表演工作，展品化学液体配方设计人员。

参考文献

[1] 王智伟，陈斌，郭烈锦. 椭圆涡环相互作用的离散涡数值模拟 [J]. 工程热物理学报，2009，30（7）：1149-1151.

项目单位：天津科学技术馆

文稿撰写人：王尊宇

色彩的自白

一、展品描述

我们生活在五彩斑斓的世界里，青山、绿水、蓝天、白云，正是"色彩"让这个世界更加丰富多彩。对于"色彩"，好奇心满满的孩子们总会提出各种各样的疑问："海水真的是蓝色的吗？""为什么彩虹中没有紫色呢？""为什么红绿灯有个黄灯呢？""色彩的自白"展品可以为大家解答以上生活中遇到的诸多疑问，阐释颜色与人的微妙关系。

参与者拨动一根根带有颜色的"琴弦"，屏幕中呈现出对应颜色的特效及科学知识，同时发出美妙动听的声音。参与者弹出一首美妙曲子的同时，学习丰富多彩的关于"色彩"的科学知识，了解蕴藏在各种颜色背后的秘密。

二、展示方式

参与者通过弹拨"琴弦"，将"琴弦"的颜色"弹"入互动荧屏中，"弹"入的色彩像水面溅起的水珠，在画面中晕染开来，同时发出动听美妙的声音。

静待片刻，不同色的粒子"孵化"出自然界中同色或者同色系元素的介绍视图，比如，红色变为草莓，蓝色变为海洋，黄色变为向日葵，并在图片旁边附有相应颜色的知识介绍、颜色的生活应用及疑问解答等。

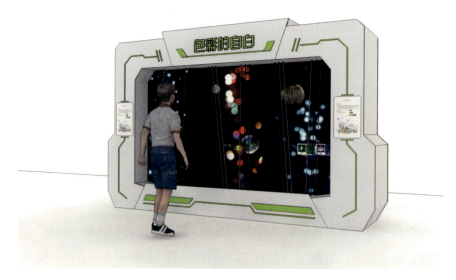

图 3-63 展品"色彩的自白"效果图

（一）结构与组成

展品主要由计算机、显示屏、琴弦、传感器、单片机、图文板等组成。

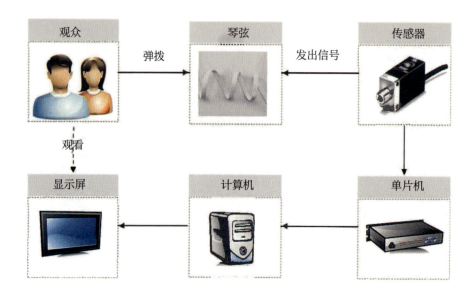

图 3-64 展品"色彩的自白"构成图

图 3-66 为展品的主要构成图，展品主体为铝型材钢架结构，显示屏采用 3 台 65 寸大电视竖装显示，屏幕前方设有 18 根（分为 6 组、共 9 种颜色）琴弦，并配置有计算机控制系统。传感器将参与者弹拨琴弦的幅度和反射的力度等数据信息反馈至计算机系统，计算机根据信息选择对应的"色彩"知识内容呈现在屏幕中，并将对应的声音发送至音控系统中。

（二）操作与体验

参与者随机弹拨不同颜色的"琴弦"，将"琴弦"的颜色"弹"入互动屏幕中，"弹"入的色彩像水面溅起的水珠，在画面中晕染开来，同时发出美妙动听的声音，屏幕上呈现生活中或大自然中奇妙的关于该色彩的有趣问题（随机）及答案，参与者可以通过观看屏幕上的内容，学习有关色彩的科学知识。

参与者按顺序拨动全部"琴弦"，所有屏幕上出现特效（如放烟花），为观众参与体验展品增加别样的趣味。

三、科学原理

（一）科学概念

色彩是通过眼、脑和我们的生活经验所产生的一种对光的视觉效应。人对颜色的感觉不仅仅由光的物理性质所决定，比如人类对颜色的感觉往往受到周围颜色的影响。有时人们也将物质产生不同颜色的物理特性直接称为颜色。

（二）科学原理

自然界中的光分为单色光和非单色光。大自然的色彩是迷人的，这些色彩都与太阳光有关，阳光是复色光，它的可见光部分由红、橙、黄、绿、青、蓝、紫这七种单色光组成，两个或多个不同单色光按不同比例组合生成形形色色的非单色光。

物体的颜色是由它所反射的那些光决定的。

（三）科学现象

红的花，绿的叶，湛蓝的天空，蔚蓝的海洋，都是一幅幅美妙的图画。

不透明的物体反射某一些光,而吸收另一些单色光,譬如,红苹果只反射红光,看上去就是红的;绿叶只反射绿光,看上去呈绿色。雪对阳光是全反射,哪一种也不吸收,因此是白色。所谓黑色,其实是将七种光全部吸收。当这七种光既不被物体反射,也不被物体吸收,而是全部通过物体的时候,这个物体就是透明的。水晶和冰都是这样。

天空所以呈现蓝色,道理也与此相类似。在七种单色光中,蓝色光的波长很短,极易被大气中的微粒反射。当阳光通过地球周围的大气层时,其他波长较长的光,不受大气中的炭粒、尘埃、水蒸气的影响,而蓝色不断被这些微粒反射和折射,因此我们看见的天空是蓝的。

日落以后,物体没有阳光可反射,大自然也就沉睡在黑色的夜幕之中了。

四、应用拓展

可基于展品开展科普活动或者科学课活动,带领儿童或者青少年学生,详细了解"色彩"蕴藏的科学知识及其奥秘。

图 3-65 展品"色彩的自白"实物图

五、创新与思考

在展品互动形式上，以互动效果较强的一组颜色"琴弦"为互动起点，将知识点"颜色"与兴趣点"琴弦"联系在一起，充分体现了知识性和趣味性相互融合的互动特点。

在展品内容设计上，声音和色彩相汇，娱乐和知识相融，配以颇具观赏价值的环境造型布置，使展示的内容更加丰富多彩。整个展品布置错落有致，设计精美，内容饱满，带给参与者与众不同的体验。

展品在科学知识普及方面，以往"颜色"相关展品主要科普颜色作为光的相关知识，如光的波长，光的反射及吸收等，而该展品突破常规，不仅展示颜色的物理性质，还展示人对于颜色的主观心理感受、视觉感受等，并解释生活中碰到的诸多颜色应用及疑问。

六、团队介绍

李有宝：厦门科技馆管理有限公司技术保障部经理，从事展览策划及设计，该展品技术总负责人。

荣　成：厦门科技馆管理有限公司研发中心主任，从事展览策划及设计，该展品创意、方案设计总负责人。

黄连灯：厦门科技馆管理有限公司研发中心工程师，从事展览策划及设计，负责该展品方案及形式设计。

白广华：厦门科技馆管理有限公司研发中心工程师，从事展览策划及设计，负责该展品电控设计。

林俊楠：厦门科技馆管理有限公司研发中心工程师，从事展览策划及设计，负责该展品机械设计。

项目单位：厦门科技馆管理有限公司

文稿撰写人：黄连灯